Le grand roman des maths

MICKAËL LAUNAY

Le grand roman des maths

De la préhistoire à nos jours

DOCUMENT

Illustrations de l'auteur
Sauf p. 13 : Maurice Bourlon ; pp. 36, 267 et 284 : DR

© FLAMMARION, 2016.

Le Code de la propriété intellectuelle interdit les copies ou reproductions destinées à une utilisation collective. Toute représentation ou reproduction intégrale ou partielle faite par quelque procédé que ce soit, sans le consentement de l'auteur ou de ses ayants droit ou ayants cause, est illicite et constitue une contrefaçon sanctionnée par les articles L335-2 et suivants du Code de la propriété intellectuelle.

— Oh, moi, j'ai toujours été nulle en maths !

Je suis un peu blasé. Cela doit bien faire la dixième fois que j'entends cette phrase aujourd'hui.

Pourtant, voilà un bon quart d'heure que cette dame s'est arrêtée sur mon stand, au milieu d'un groupe d'autres passants, et qu'elle m'écoute attentivement présenter diverses curiosités géométriques. C'est là que la phrase est venue.

— Et sinon, vous faites quoi dans la vie ? m'a-t-elle demandé.

— Je suis mathématicien.

— Oh, moi, j'ai toujours été nulle en maths !

— Ah bon ? Pourtant, ce que je viens de raconter avait l'air de vous intéresser.

— Oui... mais là, ce n'est pas vraiment des maths... ça reste compréhensible.

Tiens, on ne me l'avait encore jamais faite celle-là. Les mathématiques seraient donc, par définition, une discipline que l'on ne peut pas comprendre ?

Nous sommes début août, cours Félix Faure à La Flotte-en-Ré. Dans ce petit marché estival, j'ai à ma droite un stand de tatouage au henné et de tresses africaines, à ma gauche un vendeur d'accessoires pour téléphones portables et en face un étalage de bijoux et babioles en tous genres. Au milieu de tout ça, j'ai installé mon stand de maths. Dans la fraîcheur du soir, les vacanciers déambulent paisiblement. J'aime particulièrement faire des maths dans des lieux insolites. Là où les gens ne s'y attendent pas. Là où ils ne se méfient pas...

— Quand je vais dire à mes parents que j'ai fait des maths pendant les vacances ! me lance un lycéen qui passait par là en revenant de la plage.

C'est vrai, je les prends un peu en traître. Mais il faut ce qu'il faut. C'est un de mes moments préférés. Observer l'expression des gens qui se croyaient irrémédiablement fâchés avec les maths au moment où je leur apprends qu'ils viennent d'en faire pendant un quart d'heure. Et mon stand ne désemplit pas ! J'y présente de l'origami, des tours de magie, des jeux, des énigmes... il y en a pour tous les goûts et tous les âges.

J'ai beau m'en amuser, dans le fond, cela me désole. Comment en est-on arrivé à devoir cacher aux gens qu'ils font des maths pour qu'ils y prennent du plaisir ? Pourquoi le mot fait-il si peur ? C'est une chose certaine, si j'avais placé au-dessus de ma table une pancarte indiquant « Mathématiques » aussi visiblement que l'on pouvait lire les mots « Bijoux et colliers », « téléphones » ou « tatouage » dans les stands qui m'entourent, je n'aurais pas le quart de ce succès. Les gens ne s'arrêteraient pas. Peut-être même feraient-ils un pas de côté en détournant leur regard.

Pourtant, la curiosité est là. Je la constate chaque jour. Les mathématiques font peur, mais elles fascinent davantage encore. On ne les aime pas, mais on aimerait les aimer. Ou du moins, être capable de glisser un œil indiscret au milieu de leurs ténébreux mystères. On les croit inaccessibles. Ce n'est pas vrai. Il est bien possible d'aimer la musique sans être musicien ou d'aimer partager un bon repas sans être un grand cuisinier. Alors pourquoi faudrait-il être mathématicien ou avoir une intelligence exceptionnelle pour se laisser raconter les mathématiques et aimer se faire chatouiller l'esprit par l'algèbre ou la géométrie ? Il n'est pas nécessaire d'entrer dans les détails techniques pour comprendre les grandes idées et pour pouvoir s'en émerveiller.

Depuis la nuit des temps, ils ont été nombreux, artistes, créateurs, inventeurs, artisans, ou tout simplement rêveurs et curieux, à faire des maths sans même le savoir. Des mathématiciens malgré eux. Ils ont été les premiers poseurs de questions, les premiers chercheurs, les premiers remueurs de méninges. Si nous voulons comprendre le pourquoi des mathématiques, il nous faut partir sur leurs traces, car c'est avec eux que tout a débuté.

Alors, il est l'heure de commencer un voyage. Si vous le voulez bien, permettez-moi, le temps de ces quelques pages, de vous entraîner avec moi dans les méandres de l'une des disciplines les plus fascinantes et les plus stupéfiantes qu'ait pratiquées l'espèce humaine. Partons à la rencontre de celles et ceux qui ont fait son histoire à coups de découvertes inattendues et d'idées fabuleuses.

Ouvrons ensemble le grand roman des mathématiques.

1
Mathématiciens malgré eux

Revenu à Paris, c'est au musée du Louvre, au cœur de la capitale, que je décide d'ouvrir notre enquête. Faire des maths au Louvre ? Cela peut sembler incongru. L'ancienne résidence royale reconvertie en musée semble être aujourd'hui le domaine des peintres, des sculpteurs, des archéologues ou des historiens bien avant d'être celui des mathématiciens. C'est pourtant là que nous nous apprêtons à renouer avec leurs premières empreintes.

Dès mon arrivée, l'apparition de la grande pyramide de verre qui trône au centre de la cour Napoléon est déjà une invitation à la géométrie. Mais aujourd'hui, j'ai rendez-vous avec un passé bien plus ancien. Je pénètre dans le musée et la machine à voyager dans le temps s'enclenche. Je passe devant les rois de France, je remonte la Renaissance et le Moyen Âge pour arriver dans l'Antiquité. Les salles défilent, je croise quelques statues romaines, les vases grecs et les sarcophages égyptiens. Je vais encore un peu plus loin. Voilà que j'entre dans la préhistoire et, en dévalant les siècles, il me faut peu à peu tout oublier. Oublier les nombres. Oublier la géométrie. Oublier l'écriture. Au début personne ne savait rien. Pas même qu'il y avait quelque chose à savoir.

Premier arrêt en Mésopotamie. Nous voilà revenus dix mille ans en arrière.

À bien y penser, j'aurais pu continuer plus loin. Remonter un million et demi d'années supplémentaires pour me retrouver en plein cœur du paléolithique. À cette époque, le feu n'est pas encore domestiqué et l'*Homo sapiens* n'est qu'un lointain projet. Nous en sommes au règne de l'*Homo erectus* en Asie, de l'*Homo ergaster* en Afrique et peut-être de quelques autres cousins qui restent à découvrir. C'est le temps de la pierre taillée. La mode est au biface.

Dans un coin du campement, les tailleurs sont au travail. L'un d'eux saisit un bloc de silex encore vierge, tel qu'il l'a ramassé quelques heures plus tôt. Il s'assoit à même le sol – en tailleur probablement –, pose la pierre par terre, la bloque d'une main et, de l'autre main, en frappe le bord avec une pierre massive. Un premier éclat se détache. Il observe le résultat, retourne son silex et frappe une deuxième fois de l'autre côté. Les deux premiers éclats ainsi retirés face à face laissent une arête tranchante sur le bord du silex. Il n'y a plus qu'à répéter l'opération sur tout le contour. À quelques endroits, le silex est trop épais ou trop large et il faut enlever de plus gros morceaux pour donner à l'objet final la forme voulue.

Car la forme du biface n'est pas laissée au hasard ni à l'inspiration du moment. Elle est pensée, travaillée, transmise de génération en génération. On trouve différents modèles, selon l'époque et le lieu de leur fabrication. Certains prennent la forme d'une goutte d'eau avec une pointe saillante, quelques-uns, plus arrondis, ont le profil d'un œuf, tandis que d'autres se rapprochent davantage d'un triangle isocèle aux côtés à peine bombés.

Biface du paléolitique inférieur

Pourtant tous ont ce point commun : un axe de symétrie. Y aurait-il un aspect pratique à cette géométrie, ou serait-ce plus simplement une intention esthétique qui a poussé nos ancêtres à adopter ces formes ? Difficile à savoir. Ce qui est certain, c'est que cette symétrie ne peut pas être le fruit du hasard. Le tailleur devait préméditer son coup. Penser à la forme avant de l'accomplir. Se construire une image mentale, abstraite, de l'objet à exécuter. En d'autres termes, faire des mathématiques.

Quand il a achevé le tour, le tailleur observe son nouvel outil, le tend à bout de bras face à la lumière pour mieux en scruter le galbe, réajuste quelques tranchants par deux ou trois petits coups supplémentaires et, enfin, le voilà satisfait. Quel est son sentiment à cet instant ? Ressent-il déjà cette exaltation formidable de la création scientifique : celle d'avoir su, par une idée abstraite, appréhender et façonner le monde extérieur ? Peu importe, les grandes heures de l'abstraction n'ont pas encore sonné. Les temps sont au pragmatisme. Le biface pourra être utilisé pour tailler du bois, découper de la viande, percer des peaux ou creuser la terre.

Mais non, nous n'irons pas si loin. Laissons dormir ces temps anciens, et ces interprétations peut-être trop hasardeuses, pour revenir à ce qui sera le véritable point de départ de notre aventure : la région mésopotamienne du VIIIe millénaire avant notre ère.

Le long du Croissant fertile, sur une zone couvrant approximativement ce qui s'appellera un jour l'Irak, la révolution néolithique est en marche. Depuis quelque temps, ici, on s'installe. Dans les plateaux du Nord, la sédentarisation est un succès. La région est le laboratoire des toutes dernières innovations. Les habitations en briques de terre crue forment les premiers villages et les bâtisseurs les plus courageux y ajoutent même déjà un étage. L'agriculture est une technologie de pointe. Le climat généreux permet de cultiver la terre sans irrigation artificielle. Des animaux et des plantes sont peu à peu domestiqués. La poterie s'apprête à faire son apparition.

Tiens, parlons-en, justement, de la poterie ! Car si, de ces époques, beaucoup de témoignages ont disparu, irrémédiablement égarés dans les méandres du temps, il en est que les archéologues amassent par milliers : des pots, des vases, des jarres, des plats, des bols... Autour de moi, les vitrines en sont pleines. Les premiers datent d'il y a neuf mille ans et, de salle en salle, tels des cailloux de Petit Poucet, ils nous guident à travers les siècles. Il y en a de toutes tailles, de toutes formes et diversement décorés, sculptés, peints ou gravés. Il y en a avec des pieds, d'autres avec des anses. Il y en a des intactes, des fêlés, des cassés, des reconstitués. De certains, il ne reste que quelques fragments épars.

La céramique est le premier art du feu, bien avant le bronze, le fer ou le verre. À partir de l'argile, cette pâte de terre malléable qui se récolte abondamment dans ces zones humides, les artisans potiers peuvent façonner les objets à leur guise. Quand la forme leur convient, il n'y a plus qu'à laisser sécher quelques jours, puis à faire cuire au milieu d'un grand feu pour solidifier le tout. Cela fait longtemps que cette technique est connue. Vingt mille ans plus tôt on en faisait déjà des petites statuettes. Ce n'est pourtant que récemment, avec la sédentarisation, qu'est venue l'idée d'en faire des objets d'usage courant. Le nouveau mode de vie nécessite des moyens de stockage, alors on fabrique du pot à tour de bras !

Ces récipients de terre cuite s'imposent rapidement comme des objets indispensables de la vie de tous les jours et nécessaires à l'organisation collective du village. Alors, quitte à faire de la vaisselle qui va durer, autant qu'elle soit belle. Bientôt les céramiques sont décorées. Et là encore, il y a plusieurs écoles. Certains impriment leurs motifs dans l'argile encore fraîche à l'aide d'un coquillage ou d'une simple brindille, avant de les faire cuire. Quelques-uns font d'abord la cuisson avant de graver leurs décorations à l'aide de pierres taillées. D'autres encore préfèrent peindre sur la surface grâce à des pigments naturels.

En parcourant les salles du département des Antiquités orientales, je suis frappé par la richesse des motifs géométriques imaginés par les Mésopotamiens. Comme pour le biface de notre ancien tailleur de pierres, certaines symétries sont trop ingénieuses pour ne pas avoir été mûrement préméditées. Les frises qui courent sur les rebords de ces vases attirent tout particulièrement mon attention.

Les frises, ce sont ces bandes décorées présentant un même motif qui se répète sur toute la circonférence du pot. Parmi les plus fréquentes, on remarque celles en dents de scie triangulaires. On trouve aussi les frises à deux cordons qui s'enroulent l'un autour de l'autre. Puis viennent les frises en épis, les frises en créneaux carrés, les frises en losanges pointés, en triangles hachurés, en cercles emboîtés...

En passant d'une zone ou d'une époque à l'autre, des modes apparaissent. Certains motifs sont très populaires. Ils sont repris, transformés, améliorés en de multiples variantes. Puis, quelques siècles plus tard, les voilà comme abandonnés, ils sont devenus *has been*, remplacés par d'autres dessins dans l'air du temps.

Je les regarde défiler et mon œil de mathématicien s'allume. J'y vois des symétries, des rotations, des translations. Alors mentalement, je commence à trier, à ranger. Quelques théorèmes de mes années d'étude me reviennent en mémoire. La classification des transformations géométriques, voilà ce dont j'ai besoin. Je sors un carnet et un crayon et je commence à griffonner.

Tout d'abord, il y a les rotations. J'ai justement devant moi une frise composée de motifs en forme de « S » emboîtés les uns derrière les autres. Je tourne la tête pour bien me convaincre. Oui, c'est sûr, celle-ci est invariante par demi-tour : si je prenais la jarre et la retournais pour la poser à l'envers, l'apparence de la frise resterait exactement la même.

Ensuite il y a les symétries. Il en existe plusieurs types. Peu à peu, je complète ma liste et une chasse au trésor s'engage. Pour chaque transformation géométrique je cherche la frise qui correspond. Je passe d'une salle à l'autre, reviens en arrière. Certaines pièces sont abîmées, je dois plisser les yeux pour tenter de reconstituer les motifs qui couraient sur cette argile il y a des millénaires. Quand j'en trouve une nouvelle, je la coche. Je regarde les dates pour tenter de reconstituer la chronologie de leur apparition.

Combien dois-je en trouver, au total ? Avec un peu de réflexion, je réussis enfin à remettre le doigt sur ce fameux théorème. On trouve, en tout et pour tout, sept catégories de frises. Sept groupes de transformations géométriques différentes qui peuvent les laisser invariantes. Pas une de plus, pas une de moins.

Bien sûr, ça les Mésopotamiens ne le savaient pas. Et pour cause, la théorie dont il est question ne commencera à être formalisée qu'à partir de la Renaissance ! Pourtant, sans s'en douter, et sans autre prétention que de décorer leurs poteries de tracés harmonieux et originaux, ces potiers préhistoriques étaient en train de faire les tout premiers raisonnements d'une discipline fantastique qui agitera toute une communauté de mathématiciens des milliers d'années plus tard.

Je regarde sur mes notes, je les ai presque toutes. Presque ? L'une de ces sept frises m'échappe encore. Je m'y attendais un peu, celle-ci est clairement la plus compliquée de la liste. Je cherche une frise qui, si on la retourne horizontalement, aura la même apparence, mais décalée de la demi-longueur d'un motif. Aujourd'hui, nous appelons cela une symétrie glissée. Un véritable défi pour nos Mésopotamiens !

Pourtant, je suis encore loin d'avoir parcouru toutes les salles, alors je ne perds pas espoir. La traque se poursuit. J'observe le moindre détail, le moindre indice. Les six autres catégories, celles que j'ai déjà observées, s'accumulent. Sur mon carnet, les dates, les schémas et autres gribouillages s'enchevêtrent. Malgré ça, toujours pas de signe de la mystérieuse septième frise.

Soudain, une décharge d'adrénaline me traverse. Derrière cette vitre, je viens d'apercevoir une pièce d'apparence un peu piteuse, un simple fragment. Pourtant, de haut en bas, quatre frises partielles, mais bien visibles, se superposent et l'une d'elles vient d'éveiller subitement mon attention. La troisième en partant du haut. Elle est composée de ce qui ressemble à des fragments de rectangles inclinés qui s'emboîtent en épis. Je cligne des yeux. Je l'observe attentivement, griffonne rapidement le motif sur mon carnet comme par peur qu'il ne s'évanouisse sous mes yeux. La géométrie est la bonne. Il s'agit bien de la symétrie glissée. La septième frise est démasquée.

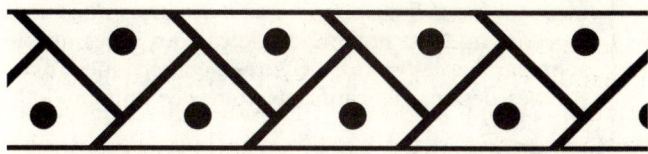

À côté de la pièce, le cartel indique : *Fragment de gobelet à décor horizontal de bandes et de losanges pointés – Milieu du Ve millénaire avant J.-C.*

Je la replace mentalement dans ma chronologie. Milieu du Ve millénaire avant J.-C. Nous sommes encore dans la préhistoire. Plus de mille ans avant l'invention de l'écriture, les potiers mésopotamiens avaient déjà listé, sans le savoir, tous les cas d'un théorème qui ne serait énoncé et démontré que six mille ans plus tard.

Quelques salles plus loin, je rencontre une jarre à trois anses qui elle aussi vient se classer dans la septième catégorie : même si le motif s'est transformé en spirale, la structure géométrique reste la même. Encore un peu plus loin, en voici une autre. Je veux continuer, mais soudain le décor change, je suis arrivé au bout des collections orientales. Si je poursuis, je passe en Grèce. Je jette un dernier regard sur mes notes, les frises à symétrie glissée se comptent sur les doigts d'une main. J'ai eu chaud.

COMMENT RECONNAÎTRE LES 7 CATÉGORIES DE FRISES ?

La première catégorie est celle des frises... qui n'ont aucune propriété géométrique particulière. Simplement un motif qui se répète sans symétries ni centres de rotation. C'est notamment le cas des frises qui ne sont pas basées sur des figures géométriques, mais sur des dessins figuratifs, tels que des animaux.

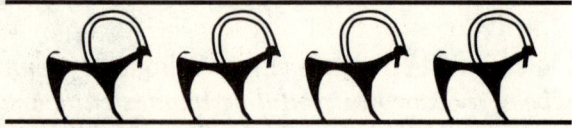

La deuxième catégorie comprend celles pour lesquelles la ligne horizontale qui coupe la frise en deux est un axe de symétrie.

La troisième catégorie regroupe les frises qui possèdent un axe de symétrie vertical. Puisque la frise consiste en un motif qui se répète horizontalement, les axes de symétrie verticaux se répètent également.

La quatrième catégorie est celle des frises invariantes par une rotation d'un demi-tour. Que vous regardiez ces frises la tête en haut ou la tête en bas, vous verrez toujours la même chose.

La cinquième catégorie est celle des symétries glissées. C'est cette fameuse catégorie que je découvris en dernier du côté de la Mésopotamie. Si vous retournez l'une de ces frises par une symétrie d'axe horizontal (le même que celui de la deuxième catégorie) alors la frise obtenue est similaire, mais se retrouve décalée de la longueur d'un demi-motif.

Les sixième et septième catégories ne correspondent pas à de nouvelles transformations géométriques, mais combinent plusieurs des propriétés rencontrées dans les catégories précédentes. Ainsi les frises de la sixième catégorie sont celles qui ont à la fois une symétrie horizontale, une symétrie verticale et un centre de rotation d'un demi-tour.

La septième catégorie, quant à elle, compte des frises ayant une symétrie verticale, un centre de rotation et une symétrie glissée.

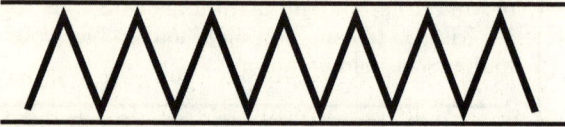

Il est à noter que ces catégories ne concernent que la structure géométrique des frises et n'empêchent pas quelques variations dans la forme des motifs. Ainsi, les frises suivantes, quoique différentes, appartiennent toutes à la septième catégorie.

> Toutes les frises que l'on peut imaginer appartiennent donc à l'une de ces sept catégories. Toute autre combinaison est géométriquement impossible. Curieusement, les deux dernières catégories sont les plus fréquentes. Il est spontanément plus facile de dessiner des figures ayant beaucoup de symétries que des figures n'en ayant que peu.

Gonflé de mes succès mésopotamiens, me revoilà dès le lendemain prêt à partir à l'assaut de la Grèce antique. À peine suis-je arrivé que déjà je ne sais plus où donner de la tête. Ici, la chasse aux frises est un jeu d'enfant. Il me suffit de quelques pas, quelques vitrines, quelques amphores noires à figures rouges pour avoir déjà retrouvé ma liste de sept frises.

Devant une telle abondance, je renonce rapidement à tenir mes statistiques comme je l'avais fait en Mésopotamie. La créativité de ces artistes me sidère. De nouveaux motifs, toujours plus complexes et ingénieux, font leur apparition. À plusieurs reprises, il me faut m'arrêter et me concentrer pour démêler mentalement ces entrelacs qui s'enchaînent et tourbillonnent autour de moi.

Au détour d'une salle, une loutrophore à figure rouge me laisse sans voix.

Une loutrophore est un long vase à deux anses dont la fonction est de transporter les eaux du bain, celle-ci mesure près d'un mètre de haut. Les frises s'y accumulent et je commence à les énumérer par catégories. Un. Deux. Trois. Quatre. Cinq. En quelques secondes, j'identifie cinq des sept structures géométriques. Le vase est accolé au mur, mais en me penchant un peu, je peux constater qu'une sixième catégorie se trouve sur sa face cachée. Il m'en manque une seule. Ce serait trop beau. Étonnamment, l'absente n'est pas la même que la veille. Les temps ont changé, les modes aussi et ce n'est plus la symétrie glissée seule qui me manque, mais la combinaison composée de symétrie verticale, de rotation et de symétrie glissée.

Je la cherche frénétiquement, je scanne du regard le moindre recoin de l'objet. Je ne la trouve pas. Un peu déçu, je m'apprête à renoncer quand mes yeux se posent sur un détail. Au centre du vase est représentée une scène entre deux personnages. Au premier abord, il ne semble pas y avoir de frise dans ce coin-là. Pourtant, en bas à droite de la scène, un objet attire mon attention : un vase sur lequel s'appuie le personnage central. Un vase dessiné sur le vase ! La mise en abyme suffit déjà à me faire sourire. Je plisse les yeux, l'image est un peu abîmée, pourtant cela ne fait pas de doute : ce vase dessiné porte lui-même une frise et, miracle !, il s'agit de celle qui me manque !

Malgré mes efforts répétés, je ne trouverai aucune autre pièce présentant la même particularité. Cette loutrophore semble bien être unique en son genre dans les collections du Louvre : la seule à porter sur elle les sept catégories de frises.

Un peu plus loin, une autre surprise m'attend. Des frises en 3D ! Moi qui croyais que la perspective était une invention de la Renaissance. Des zones sombres et claires habilement déposées par l'artiste font un jeu d'ombre et de lumière donnant un effet de volume aux formes géométriques qui se poursuivent sur la circonférence de ce gigantesque récipient.

Plus j'avance et plus de nouvelles questions se posent à moi. Certaines pièces ne sont pas recouvertes de frises mais de pavages. En d'autres termes, les motifs géométriques ne se contentent plus de remplir une fine bande faisant le tour de l'objet, mais envahissent désormais toute sa surface, démultipliant ainsi les possibilités de combinaisons géométriques.

Après les Grecs viennent les Égyptiens, les Étrusques et les Romains. Je découvre des illusions de dentelles taillées à même la roche. Les fils de pierre s'entrelacent, se passent tour à tour au-dessus et au-dessous dans un maillage parfaitement régulier. Puis, comme si les œuvres ne suffisaient pas, je me surprends bientôt à observer le Louvre lui-même. Ses plafonds, ses carrelages, ses encadrements de porte. En rentrant chez moi, j'ai l'impression de ne plus pouvoir m'arrêter. Dans la rue, je regarde les balcons des immeubles, les motifs sur les vêtements des passants, les murs des couloirs du métro...

Il suffit de changer son regard sur le monde pour voir les mathématiques apparaître. Leur quête est fascinante et sans fin.

Et l'aventure ne fait que commencer.

2

Et le nombre fut

Pendant ce temps-là, en Mésopotamie, les choses vont bon train. À la fin du IVe millénaire avant notre ère, les petits villages que nous avions laissés se sont métamorphosés en cités florissantes. Certaines rassemblent désormais plusieurs dizaines de milliers d'habitants ! Les technologies y progressent comme jamais encore on ne l'avait vu. Qu'ils soient architectes, orfèvres, potiers, tisseurs, menuisiers ou sculpteurs, les artisans doivent faire preuve d'une ingéniosité sans cesse renouvelée pour relever les défis techniques qui se posent à eux. La métallurgie n'est pas encore tout à fait au point, mais on y travaille.

Peu à peu, un réseau de routes se tisse sur toute la région. Les échanges culturels et commerciaux se multiplient. Des hiérarchies de plus en plus complexes se mettent en place et l'*Homo sapiens* découvre les joies de l'administration. Tout cela demande une sacrée organisation ! Pour y mettre un peu d'ordre, il est grand temps pour notre espèce d'inventer l'écriture et d'entrer dans l'Histoire. Dans cette révolution qui se prépare, les mathématiques vont jouer un rôle d'avant-garde.

En suivant le cours de l'Euphrate, quittons les plateaux du Nord qui ont vu la naissance des premiers villages sédentaires et prenons la direction de la région de Sumer qui couvre les plaines de Basse Mésopotamie. C'est ici, dans les steppes du Sud, que se concentrent désormais les principaux foyers de population. Le long du fleuve, nous croisons les cités de Kish, de Nippur et de Shuruppak. Ces villes sont encore jeunes, mais les siècles qui s'ouvrent devant elles portent des promesses de grandeur et de prospérité.

Et puis soudain, voici Uruk qui se découpe à l'horizon.

La cité d'Uruk est une fourmilière humaine, qui illumine tout le Proche-Orient de son prestige et de sa puissance. Bâtie principalement de briques en terre cuite, la ville étale ses nuances orangées sur plus de cent hectares et le promeneur égaré peut déambuler des heures dans ses ruelles encombrées. Au cœur de la cité, plusieurs temples monumentaux ont été édifiés. On y célèbre An, père de tous les dieux, mais surtout Inanna, la Dame du ciel. C'est pour elle que fut érigé le temple de l'Eanna dont le plus vaste bâtiment mesure quatre-vingts mètres de long sur trente de large. De quoi impressionner les nombreux voyageurs de passage.

L'été approche et, comme tous les ans à cette période, une agitation particulière s'est emparée de la ville. Bientôt, les troupeaux de moutons partiront vers les zones de pâtures du Nord pour ne revenir qu'à la fin de la saison chaude. Pendant plusieurs mois, les bergers auront à charge de mener le bétail, d'en assurer la subsistance et la sécurité pour les ramener entiers à leurs propriétaires. Le temple de l'Eanna possède lui-même plusieurs troupeaux dont les plus grands comptent des dizaines de milliers de têtes. Les convois sont si impressionnants que certains sont accompagnés de soldats pour les protéger des dangers de l'expédition.

Pourtant, pas question pour les propriétaires de laisser partir leurs moutons sans avoir pris quelques précautions. Avec les bergers, le contrat est clair : il doit revenir autant de têtes qu'il en est parti. Il ne s'agit pas de laisser s'égarer une partie du troupeau ou d'en troquer quelques-uns sous le manteau.

Un problème se pose alors : comment comparer la taille du troupeau qui est parti avec celle du troupeau qui est revenu ?

Pour répondre à cette question, depuis quelques siècles déjà, un système de jetons d'argile a été développé. Il existe plusieurs types de jetons, comptant chacun pour un ou plusieurs objets ou animaux selon leur forme et les motifs qui y sont tracés. Pour un mouton, il s'agit d'un simple disque marqué d'une croix. Au moment du départ, on place dans un récipient une quantité de jetons correspondant à la taille du troupeau. Il suffira au retour de comparer le troupeau au contenu du récipient pour vérifier qu'aucune bête ne manque à l'appel. Bien plus tard, ces jetons recevront le nom latin de *calculi*, « petits cailloux », qui donneront naissance au mot *calcul*.

Cette méthode est pratique, mais possède un inconvénient. Qui garde les jetons ? Car la méfiance, ça marche dans les deux sens et les bergers peuvent à leur tour craindre que quelques jetons ne soient ajoutés dans l'urne pendant leur absence par des propriétaires peu scrupuleux. Ces derniers pourraient bien en profiter pour réclamer des indemnités sur des moutons n'ayant jamais existé !

Alors on cherche, on se creuse la tête, et on finit par trouver une solution. Les jetons seront enfermés dans une balle en argile creuse et hermétiquement close. Au moment de la refermer, chacun pose sa signature sur la surface de la bulle-enveloppe afin d'en certifier l'authenticité. Il est désormais impossible de modifier le nombre de jetons sans briser la bulle. Les bergers peuvent partir tranquilles.

Mais voilà qu'à nouveau, ce sont les propriétaires qui trouvent des inconvénients à cette méthode. Pour les besoins de leurs affaires, il leur est nécessaire de connaître à tout moment le nombre de bêtes que comptent leurs troupeaux. Alors comment faire ? Retenir par cœur le nombre de moutons ? Pas évident, quand on sait que la langue sumérienne ne possède pas encore de mots pour désigner de si grands nombres. Posséder un double non scellé des jetons de comptage contenus dans toutes les bulles-enveloppes ? Pas très pratique.

Une solution finit par être trouvée. À l'aide d'une tige de roseau taillée, on trace sur la surface de chaque bulle le dessin des jetons qui se trouvent à l'intérieur. Il devient donc possible de consulter à loisir le contenu de l'enveloppe sans avoir à la briser.

Cette méthode semble désormais convenir à tout le monde. Elle est largement employée, non seulement pour compter les moutons, mais aussi pour sceller toutes sortes d'accords. Les céréales, comme l'orge ou le froment, la laine et les textiles, le métal, les bijoux, les pierres précieuses, l'huile ou encore les poteries ont également leurs jetons. Même les impôts sont contrôlés par des jetons. Bref, à la fin du IVe millénaire, à Uruk, tout contrat en bonne et due forme se devait d'être scellé par une bulle-enveloppe munie de ses jetons d'argile.

Tout cela fonctionne à merveille et puis un jour, une idée brillante surgit. Ce genre d'idée à la fois géniale et si simple qu'on se demande comment on ne l'a pas eue avant. Puisque le nombre de bêtes est inscrit sur la surface de la bulle, à quoi bon continuer de mettre des jetons à l'intérieur ? Et à quoi bon continuer à faire des bulles ? On pourrait tout simplement tracer l'image de nos jetons sur un morceau d'argile quelconque. Sur une tablette aplatie, par exemple.

Et on appellerait ça l'écriture.

Je suis de retour au Louvre. Les collections du département des antiquités orientales témoignent de cette histoire. La première chose qui me frappe face à ces bulles-enveloppes, c'est leur taille. Ces petites sphères d'argile que les Sumériens modelaient simplement en les tournant autour de leur pouce ne sont guère plus grandes que des balles de ping-pong. Quant aux jetons, ils ne dépassent pas un centimètre.

Un peu plus loin, voilà les premières tablettes qui apparaissent, se multiplient et remplissent rapidement des vitrines entières. Peu à peu, l'écriture se précise et prend son apparence cunéiforme composée de petites encoches en forme de clou. Après la disparition des premières civilisations de Mésopotamie au début de notre ère, la plupart de ces pièces dormiront pendant des siècles sous les ruines des cités désertées avant d'être exhumées par les archéologues européens à partir du XVIIe siècle. Elles ne seront progressivement déchiffrées qu'au cours du XIXe siècle.

Ces tablettes ne sont pas très grandes non plus. Certaines ont la taille de simples cartes de visite, mais sont couvertes de centaines de signes minuscules qui s'entassent les uns à la suite des autres. Pas question pour les scribes mésopotamiens de perdre la moindre portion d'argile pour écrire ! Les cartels du musée posés à côté des pièces me permettent d'interpréter ces mystérieux symboles. Il y est question de bétail, de bijoux ou de céréales.

À côté de moi, quelques touristes prennent des photos... avec leurs tablettes. Drôle de clin d'œil de l'Histoire dont le manège entraîna l'écriture sur tant de supports différents, de l'argile au papier en passant par le marbre, la cire, le papyrus ou le parchemin, et qui, dans une dernière facétie, redonna aux tablettes électroniques la forme de leurs ancêtres de terre. Le face-à-face des deux objets a quelque chose de singulièrement émouvant. Qui sait si dans cinq mille ans ces deux tablettes ne se retrouveront pas côte à côte, du même côté de la vitrine.

Le temps a passé et nous voilà désormais au début du IIIe millénaire avant notre ère. Une étape supplémentaire a été franchie : le nombre s'est libéré de l'objet qu'il compte ! Auparavant, avec les bulles-enveloppes et les toutes premières tablettes, les symboles de comptage dépendaient des objets considérés. Un mouton n'est pas une vache, alors le symbole pour compter un mouton n'était pas le même que celui qui comptait une vache. Et chaque objet qui pouvait être compté possédait ses propres symboles, comme il avait eu ses propres jetons.

Mais tout cela est maintenant bien fini. Les nombres ont acquis leurs symboles propres. En clair, pour compter huit moutons, on n'utilise plus huit symboles désignant un mouton, mais on écrit le chiffre huit, suivi du symbole du mouton. Et pour compter huit vaches, il suffit de remplacer le symbole du mouton par celui de la vache. Le nombre, lui, reste le même.

Cette étape de l'histoire de la pensée est absolument fondamentale. S'il fallait marquer d'une date l'acte de naissance des mathématiques, c'est sans doute cet instant que je choisirais. Cet instant où le nombre se met à exister par et pour lui-même, cet instant où il se détache du réel pour l'observer de plus haut. Tout avant n'était que gestation. Bifaces, frises, jetons, comme des préludes à cette naissance programmée du nombre.

Le nombre est désormais passé du côté de l'abstraction et c'est bien ce qui fait l'identité des mathématiques : c'est la science de l'abstraction par excellence. Les objets qu'étudient les mathématiques n'ont pas d'existence physique. Ils ne sont pas matériels, ne sont pas faits d'atomes. Ce ne sont que des idées. Pourtant, comme ces idées sont d'une redoutable efficacité pour appréhender le monde !

Ce n'est sans doute pas un hasard si la nécessité d'écrire les nombres fut à ce point déterminante dans l'apparition de l'écriture. Car si d'autres idées pouvaient sans problème se transmettre oralement, il paraît au contraire difficile d'établir un système numérique sans passer par une notation écrite.

Encore aujourd'hui, l'idée que nous nous faisons des nombres est-elle seulement dissociable de leur écriture ? Si je vous demande de penser à un mouton, comment le voyez-vous ? Vous vous représentez sans doute un animal bêlant à quatre pattes, avec de la laine sur le dos. Il ne vous viendrait pas à l'esprit de visualiser les six lettres du mot « Mouton ». Pourtant, si je vous parle maintenant du nombre cent vingt-huit, que voyez-vous ? Apercevez-vous le 1, le 2 et le 8 qui prennent forme dans votre cerveau et s'enchaînent comme écrit à l'encre impalpable de vos pensées ? La représentation mentale que nous nous faisons des grands nombres semble indispensablement enchaînée à leur forme écrite.

L'exemple est sans précédent. Alors que pour toutes autres choses, l'écriture n'est qu'un moyen de retranscrire ce qui existait auparavant dans le langage oral, voilà que pour les nombres, c'est l'écriture qui va dicter la langue. Pensez que lorsque vous prononcez « Cent vingt-huit », vous ne faites que lire 128 : 100 + 20 + 8. Au-delà d'un certain seuil, il devient impossible de parler des nombres sans le support de l'écriture. Avant d'être écrits, les grands nombres n'avaient pas de mots.

À notre époque, certains peuples autochtones ne possèdent toujours qu'un nombre très limité de mots pour désigner les nombres. Ainsi les membres de la tribu des Pirahã, chasseurs-cueilleurs vivant sur les rives du río Maici en Amazonie, ne comptent que jusqu'à deux. Au-delà, c'est un même mot signifiant « plusieurs » ou « beaucoup » qui est employé. Toujours en Amazonie, les Munduruku n'ont eux de mots que jusqu'à cinq, c'est-à-dire une main.

Dans nos sociétés modernes, les nombres ont envahi notre quotidien. Ils sont devenus si omniprésents et indispensables qu'on en oublie souvent à quel point l'idée est géniale et qu'il a fallu des siècles à nos ancêtres pour nous forger des évidences.

À travers les âges, de nombreux procédés ont été inventés pour écrire les nombres. Le plus simple d'entre eux consiste à tracer autant de signes que le nombre voulu. Des petits traits les uns à côté des autres par exemple. C'est la méthode que nous utilisons encore fréquemment, par exemple pour compter les points d'un jeu.

La plus ancienne trace connue d'utilisation probable de ce procédé date de bien avant l'invention de l'écriture par les Sumériens. Les os Ishango ont été retrouvés dans les années 1950 au bord du lac Édouard dans l'actuelle République démocratique du Congo et sont datés d'environ vingt mille ans ! Longs de 10 et 14 centimètres, ils ont la particularité d'avoir été entaillés d'une multitude d'encoches plus ou moins régulièrement espacées. Quel était le rôle de ces encoches ? Probablement s'agissait-il d'un premier système de comptage. Certains y voient un calendrier tandis que d'autres extrapolent des connaissances arithmétiques déjà bien avancées. Difficile de savoir exactement. Les deux os sont actuellement visibles au Muséum des sciences naturelles de Belgique à Bruxelles.

Cette méthode de comptage utilisant une marque pour chaque unité ajoutée atteint rapidement ses limites dès qu'il devient nécessaire de manipuler des nombres relativement grands. Pour aller plus vite, on se met alors à faire des paquets !

Les jetons des Mésopotamiens pouvaient déjà représenter plusieurs unités. Il existait par exemple un jeton particulier pour représenter dix moutons. Au moment du passage à l'écriture, ce principe est conservé. On trouve ainsi des symboles pour désigner des paquets de 10, de 60, de 600, de 3 600 et 36 000.

| 1 | 10 | 60 | 600 | 3600 | 36000 |

On remarque déjà la recherche d'une logique dans la construction des symboles. Ainsi, le 60 ou le 3 600 sont multipliés par 10 lorsqu'on leur ajoute un cercle à l'intérieur. Avec l'arrivée de l'écriture cunéiforme, ces premiers symboles se transforment peu à peu.

| 1 | 10 | 60 | 600 | 3600 | 36000 |

De par sa proximité avec la Mésopotamie, l'Égypte ne tarde pas à adopter l'écriture et développe à partir du début du IIIe millénaire ses propres symboles de numération.

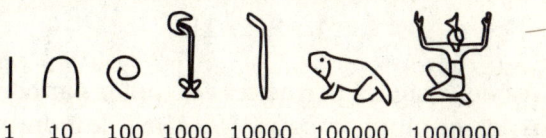

| 1 | 10 | 100 | 1000 | 10000 | 100000 | 1000000 |

Le système est désormais purement décimal : chaque symbole a une valeur dix fois plus élevée que le précédent.

Ces systèmes additifs, dans lesquels il suffit d'ajouter les valeurs des symboles écrits, connaîtront un large succès dans le monde et une multitude de variantes verront le jour durant toute l'Antiquité et une bonne partie du Moyen Âge. Ils seront notamment utilisés, par les Grecs et les Romains qui se contenteront d'utiliser les lettres de leurs alphabets respectifs comme symboles numériques.

Face aux systèmes additifs, un nouveau mode de notation des nombres va peu à peu émerger : la numération par position. Dans ces systèmes, la valeur d'un symbole se met à dépendre de l'emplacement qu'il occupe au sein du nombre. Et encore une fois, ce sont les Mésopotamiens qui vont être les premiers sur le coup.

Au IIe millénaire avant notre ère, c'est désormais la cité de Babylone qui rayonne sur le Proche-Orient. L'écriture cunéiforme est toujours à la mode, mais on n'utilise maintenant plus que deux symboles : le clou simple qui vaut 1 et le chevron qui vaut 10.

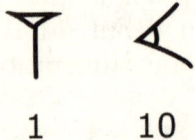

1   10

Ces deux signes permettent de noter par addition tous les nombres jusqu'à 59. Ainsi, le nombre 32 s'écrit avec trois chevrons suivis de deux clous.

32

Et puis, à partir de 60, on commence à faire des groupes, et ce sont les mêmes symboles qui vont servir à noter les groupes de 60. Ainsi, de la même façon que dans notre notation actuelle, les chiffres lus de droite à gauche désignent les unités, puis les dizaines, puis les centaines, dans cette numération babylonienne, on lit d'abord les unités, puis les soixantaines, puis les trois-mille-six-centaines (c'est-à-dire soixante soixantaines) et ainsi de suite chaque rang valant soixante fois plus que le précédent.

Par exemple, le nombre 145 est composé de deux soixantaines qui font cent vingt auxquelles il faut ajouter vingt-cinq unités. Les Babyloniens l'auraient donc noté de la façon suivante :

2 soixantaines   25 unités

145

Grâce à ce système, les savants babyloniens vont développer des connaissances hors du commun. Ils savent bien entendu pratiquer les quatre opérations de base, additions, soustractions, multiplications et divisions, mais également des racines carrées, des puissances ou des inverses. Ils produisent des tables arithmétiques extrêmement complètes et se posent des équations pour lesquelles ils développent de très bonnes méthodes de résolution.

Pourtant, toutes ces connaissances seront bientôt oubliées. La civilisation babylonienne est en déclin et une grande part de ses avancées mathématiques passera aux oubliettes. Fini la numération par position. Fini les équations. Il faudra attendre des siècles pour que ces questions soient remises au goût du jour et ce n'est qu'au XIXe siècle que le déchiffrage des tablettes cunéiformes nous rappellera que les Mésopotamiens y avaient déjà répondu avant tout le monde.

Après les Babyloniens, les Mayas imagineront également un système positionnel, mais de base 20. Puis ce sera au tour des Indiens d'inventer un système en base 10. Ce dernier système sera réutilisé par les savants arabes avant de passer en Europe à la fin du Moyen Âge. Là, ces symboles prendront le nom de chiffres arabes et gagneront bientôt le monde entier.

$$0\ 1\ 2\ 3\ 4\ 5\ 6\ 7\ 8\ 9$$

Avec les nombres, l'humanité comprend peu à peu qu'elle vient d'inventer un outil qui dépasse toutes ses espérances pour décrire, analyser et comprendre le monde qui l'entoure.

On en est si content que parfois on en fait même un peu trop. La naissance des nombres, c'est aussi la naissance de diverses pratiques de numérologie. On attribue des propriétés magiques aux nombres, on les interprète plus que de raison, on cherche à y lire les messages des dieux et le destin du monde.

Au VIe siècle avant J.-C., Pythagore en fera le concept fondamental de sa philosophie. « Tout est nombre », déclare le savant grec. Selon lui, ce sont les nombres qui produisent des figures géométriques qui à leur tour engendrent les quatre éléments de la matière, le feu, l'eau, la terre et l'air, qui composent tous les êtres. Pythagore crée ainsi tout un système autour des nombres. Les impairs sont associés au masculin, tandis que les pairs sont féminins. Le nombre 10, représenté comme un triangle, est nommé tetractys et devient symbole de l'harmonie et de la perfection du cosmos. Les pythagoriciens seront également à l'origine de l'arithmancie qui prétend lire les caractères humains en associant des valeurs numériques aux lettres qui composent leurs noms.

Parallèlement, des discussions s'engagent sur ce qu'est un nombre. Certains auteurs soutiennent que l'unité n'est pas un nombre, car le nombre désigne ce qui est plusieurs et ne peut donc être considéré qu'à partir de 2. On ira jusqu'à affirmer que pour pouvoir engendrer tous les autres nombres, le 1 doit être à la fois pair et impair.

Plus tard, ce seront le zéro, les nombres négatifs ou encore les nombres imaginaires qui feront ressurgir des discussions toujours plus animées. Chaque fois, l'entrée de ces nouvelles idées dans le cercle des nombres fera débat et obligera les mathématiciens à élargir leurs conceptions.

Bref, le nombre n'a pas fini de poser question et il faudra encore du temps aux humains pour apprendre à maîtriser ces étranges créatures tout droit sorties de leurs cerveaux.

3

Que nul n'entre ici s'il n'est géomètre

Le nombre inventé, la mathématique ne va pas tarder à devenir plurielle. En son sein, plusieurs branches telles que l'arithmétique, la logique ou l'algèbre vont peu à peu germer, se développer jusqu'à atteindre leur maturité et s'affirmer comme disciplines à part entière.

L'une d'entre elles va rapidement tirer son épingle du jeu et captiver les plus grands savants de l'Antiquité : la géométrie. C'est elle qui assurera la renommée des premières stars des mathématiques tels que Thalès, Pythagore ou Archimède, dont les noms hantent encore aujourd'hui les pages de nos manuels scolaires.

Pourtant, avant d'être une affaire de grands penseurs, c'est sur le terrain que la géométrie va gagner ses lettres de noblesse. Son étymologie en atteste, elle est avant tout la science de la mesure de la terre et les premiers arpenteurs vont être des mathématiciens de proximité. Les problèmes de partage de territoire font alors partie des classiques du genre. Comment diviser un champ en parts égales ? Comment évaluer le prix d'un terrain à partir de sa superficie ? Laquelle de ces deux parcelles est la plus proche de la rivière ? Quel tracé doit suivre le futur canal pour être le plus court à construire ?

Toutes ces questions sont d'une importance capitale dans les sociétés antiques dont toute l'économie s'articule encore essentiellement autour de l'agriculture et donc de la répartition des terres. Pour y répondre, un savoir géométrique se construit, s'enrichit et se transmet de génération en génération. Disposer de ce savoir, c'est indiscutablement s'assurer une place centrale et incontournable dans la société.

Pour ces professionnels de la mesure, la corde est souvent le tout premier des instruments de géométrie. En Égypte, tendeur de corde est un métier à part entière. Lorsque les crues du Nil provoquent de régulières inondations, c'est à eux que l'on fait appel pour redéfinir les limitations des parcelles qui bordent le fleuve. Grâce aux informations connues du terrain, les voilà qui plantent leurs piquets, déploient leurs longues cordes à travers les champs, puis effectuent les calculs qui permettent de retrouver les frontières effacées par les eaux.

Lorsqu'on érige un bâtiment, c'est encore eux qui interviennent en premier pour prendre les mesures au sol et marquer précisément l'emplacement de la construction à partir des plans de l'architecte. Et quand il s'agit d'un temple ou d'un monument d'importance, c'est parfois le pharaon en personne qui vient symboliquement tendre la première corde.

Il faut dire que la corde, c'est l'outil géométrique tout en un. Les arpenteurs s'en servent à la fois comme règle, comme compas et comme équerre.

Pour la règle, c'est assez simple : tendez la corde entre deux points fixes, vous obtiendrez une ligne droite. Et si vous préférez une règle graduée, il vous suffit de faire des nœuds à intervalles réguliers sur votre corde. Pour le compas, ce n'est pas sorcier non plus. Fixez simplement une des deux extrémités à un piquet et faites tourner l'autre autour. Voilà un cercle. Et si votre corde est graduée, vous maîtrisez parfaitement la longueur de son rayon.

Pour l'équerre, en revanche, les choses se compliquent un peu. Arrêtons-nous quelques instants sur ce problème particulier : comment vous y prendriez-vous pour tracer un angle droit ? Avec un peu de recherches, plusieurs méthodes différentes peuvent être imaginées. Si, par exemple, vous tracez deux cercles qui se croisent, alors la ligne droite qui relie leurs centres est perpendiculaire à la ligne droite qui passe par leurs deux points d'intersection. Voilà votre angle droit.

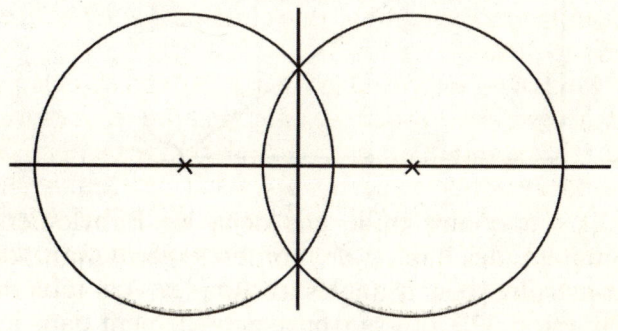

D'un point de vue théorique, cette construction fonctionne parfaitement, mais dans la pratique, c'est plus compliqué. Imaginez les arpenteurs, à travers champs, devant tracer précisément deux grands cercles à chaque fois qu'ils ont besoin d'un angle droit, ou plus simplement pour contrôler qu'un angle déjà construit est bien droit. Ce n'est ni très rapide, ni très efficace.

C'est une autre méthode, plus subtile et plus pratique qui fut adoptée par les arpenteurs : former directement avec leur corde un triangle ayant un angle droit. Un tel triangle se nomme un triangle rectangle. Et le plus célèbre d'entre eux, c'est le 3-4-5 ! Si vous prenez une corde divisée en douze intervalles par treize nœuds, alors vous pouvez former un triangle dont les côtés mesureront respectivement trois, quatre et cinq intervalles. Et comme par magie, l'angle que forment les côtés 3 et 4 est parfaitement droit.

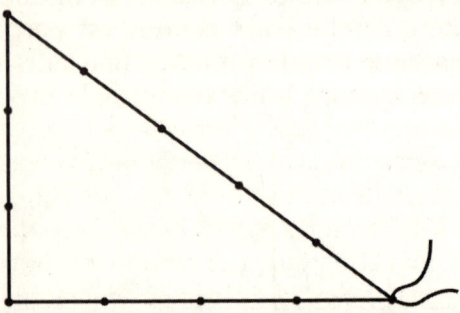

Il y a quatre mille ans déjà, les Babyloniens tenaient des tables de nombres permettant de construire des triangles rectangles. La tablette Plimpton 322, qui se trouve actuellement dans les collections de l'université Columbia à New York, et datée de 1800 avant notre ère, présente un tableau de quinze triplets de tels nombres. Outre le 3-4-5, on y trouve quatorze autres triangles, dont certains sont nettement plus complexes, comme le 65-72-97 ou encore le 1679-2400-2929. À quelques petites coquilles près – erreurs de calcul ou de recopiage –, les triangles de la tablette Plimpton sont parfaitement exacts : tous possèdent bien un angle droit !

Il est difficile de savoir précisément à partir de quelle époque les arpenteurs babyloniens ont utilisé leurs connaissances des triangles rectangles sur le terrain, toujours est-il que leur utilisation a perduré bien après la disparition de leur civilisation. Au Moyen Âge, la corde à treize nœuds, aussi appelée corde des druides, restait un des outils essentiels des bâtisseurs de cathédrales.

Lorsque nous voyageons à travers l'histoire des mathématiques, il n'est pas rare de constater que certaines notions semblables apparaissent de façon indépendante à des milliers de kilomètres les unes des autres et dans des contextes culturels profondément différents. C'est à l'une de ces étranges coïncidences que nous assistons étonnés en apprenant que la civilisation chinoise a développé au cours du Ier millénaire avant notre ère tout un savoir-faire mathématique qui répond étrangement aux découvertes des civilisations babylonienne, égyptienne ou grecque de la même époque.

Ces connaissances ont été accumulées au cours des siècles avant d'être compilées sous la dynastie Han, il y a environ deux mille deux cents ans, dans l'un des premiers grands ouvrages mathématiques du monde : *Les Neuf Chapitres sur l'art mathématique.*

Le premier de ces Neuf Chapitres est entièrement consacré à l'étude des mesures de champs de formes variées. Rectangles, triangles, trapèzes, disques, portions de disques ou encore anneaux sont autant de figures géométriques pour lesquelles des procédures de calcul d'aire sont minutieusement exposées. Plus loin dans l'ouvrage, on découvre que le neuvième et dernier chapitre se penche quant à lui sur l'étude des triangles rectangles. Et devinez de quelle figure il est question dès la toute première phrase de ce chapitre... le 3-4-5 !

Les bonnes idées sont comme ça. Elles dépassent les différences culturelles et savent fleurir spontanément là où des esprits humains sont prêts à les cueillir.

> ### Quelques problèmes d'époque
>
> Les questions de champs, d'architecture ou plus généralement d'aménagement du territoire, ont amené les savants de l'Antiquité à se poser des problèmes géométriques d'une grande diversité dont voici quelques exemples.
>
> L'énoncé suivant, issu de la tablette babylonienne BM 85200, montre que les Babyloniens ne se contentaient pas de géométrie plane, mais réfléchissaient aussi dans l'espace.
>
> *Une cave. Autant que la longueur : la profondeur. 1, la terre, j'ai arraché. Mon sol et la terre j'ai empilé, 1'10. Longueur et front, '50. Longueur, front, quoi*[1] *?*

---

[1]. Traduction Jens Høyrup, *L'algèbre au temps de Babylone*, Éditions Vuibert / Adapt-SNES, 2010.

Vous l'aurez compris, le style des mathématiciens de Babylone était du genre télégraphique. En détaillant davantage, ce même énoncé pourrait ressembler à ça :

> *La profondeur d'une cave est douze fois supérieure*[1] *à sa longueur. Si je creuse ma cave pour qu'elle ait une unité de plus en profondeur, alors son volume sera égal à 7/6. Si j'ajoute la longueur et la largeur, j'obtiens 5/6*[2]*. Quelles sont les dimensions de la cave ?*

Ce problème est accompagné de la méthode détaillée de résolution aboutissant à la solution, la longueur mesure 1/2, la largeur 1/3 et la profondeur 6.
Faisons maintenant un petit tour du côté du Nil. Comme de bien entendu, chez les Égyptiens, on trouve des problèmes de pyramides. L'énoncé suivant est extrait d'un célèbre papyrus rédigé par le scribe Ahmès, daté de la première moitié du XVIe siècle avant notre ère.

> *Une pyramide dont le côté de la base est de 140 coudées et dont la pente*[3] *est de 5 palmes et 1 doigt, quelle est son altitude ?*

La coudée, la palme et le doigt étant des unités de mesure valant respectivement 52,5 centimètres, 7,5 centimètres et 1,88 centimètre. Ahmès donne également la solution : 93 coudées 1/3. Dans ce même papyrus, le scribe s'essaye aussi à la géométrie du cercle.

---

1. L'énoncé de la tablette semble dire que la longueur et la profondeur sont égales, mais dans le système babylonien, les profondeurs sont mesurées par une unité douze fois plus grande que les longueurs.
2. Il faut également noter qu'avec le système en base soixante, la notation 1'10 désigne le nombre égal à « un plus dix soixantièmes », que nous notons dans notre système actuel par la fraction 7/6. La notation '50 désigne quant à elle la fraction 5/6 (ou cinquante soixantièmes).
3. La pente d'une face de pyramide, également nommée *seked* en égyptien, correspond à la distance horizontale entre deux points dont l'altitude diffère d'une coudée.

> *Exemple de calcul d'un champ rond d'un diamètre de 9* khet. *Quelle est la valeur de son aire ?*

Le *khet* est également une unité de mesure valant environ 52,5 mètres. Pour résoudre ce problème, Ahmès affirme que l'aire de ce champ circulaire est égale à celle d'un champ carré dont le côté mesure 8 *khet*. La comparaison est de la plus grande utilité, car il est bien plus facile de calculer l'aire d'un carré que celle d'un disque. Il trouve 8 × 8 = 64. Pourtant, les mathématiciens qui succéderont à Ahmès découvriront que son résultat n'est pas exact. Les aires du disque et du carré ne coïncident pas tout à fait. Beaucoup tenteront par la suite de répondre à cette question : comment construire un carré dont l'aire est égale à celle d'un cercle. Beaucoup s'y épuiseront en vain, et pour cause. Ahmès, sans le savoir, fut l'un des premiers à s'attaquer à ce qui deviendra le plus grand casse-tête mathématique de tous les temps : la quadrature du cercle !

En Chine également, on cherche à calculer la surface de champs circulaires. Le problème suivant est issu du premier des *Neuf Chapitres*.

> *Supposons qu'on ait un champ circulaire de 30 bu de circonférence et de 10 bu de diamètre. On demande combien fait le champ*[1].

Ici, un bu équivaut à environ 1,4 mètre. Et comme en Égypte, les mathématiciens chinois se prennent les pieds dans le tapis avec cette figure. On sait désormais que cet énoncé est faux puisqu'un disque de diamètre 10 possède une circonférence légèrement supérieure à 30. Cela n'empêche cependant pas les savants

---

1. Traduction de Karine Chemla et Shuchun Guo, *Les neuf chapitres*, Éditions Dunod, 2005.

chinois de donner une valeur approximative de l'aire (75 bu), ni de se compliquer encore la tâche en enchaînant sur des questions d'anneaux circulaires !

> *Supposons qu'on ait un champ en forme d'anneau dont la circonférence intérieure vaut 92 bu, la circonférence extérieure 122 bu, et le diamètre transverse 5 bu. On demande combien fait le champ.*

On peut douter qu'il n'y ait jamais eu en Chine antique de champ en forme d'anneau, et on devine à ces derniers problèmes que les savants de l'empire du Milieu, pris au jeu de la géométrie, se posèrent ces questions par pur défi théorique. Rechercher des figures géométriques de plus en plus improbables et biscornues pour les étudier et les comprendre reste encore aujourd'hui un des passe-temps favoris de nos mathématiciens contemporains.

Au rang des métiers de la géométrie, il faut également compter avec les bématistes. Si les arpenteurs ou autres tendeurs de cordes ont pour mission de mesurer les champs et les bâtiments, les bématistes, eux, voient les choses en beaucoup plus grand ! En Grèce, ces hommes ont pour tâche de mesurer de longues distances en comptant leurs pas.

Et parfois, leurs missions peuvent les conduire loin, très loin de chez eux. C'est ainsi qu'au IVe siècle avant notre ère, Alexandre le Grand emporta avec lui quelques bématistes dans sa campagne d'Asie qui l'emmena jusqu'aux frontières de l'Inde actuelle. Ce sont alors des trajets de plusieurs milliers de kilomètres que ces marcheurs géomètres eurent à mesurer.

Prenez un peu de hauteur et imaginez un instant l'étrange spectacle de ces hommes au pas cadencé, traversant les paysages immenses du Moyen-Orient. Voyez-les, parcourant les plateaux de Haute-Mésopotamie ; longeant les décors arides et jaunes de la péninsule du Sinaï pour arriver jusqu'aux bords fertiles de la vallée du Nil ; puis rebroussant chemin, s'en aller braver les massifs montagneux de l'Empire perse et les déserts de l'actuel Afghanistan. Les voyez-vous, imperturbables, marcher encore et encore, d'un rythme sec et monotone, et passer au pied des montagnes gigantesques de l'Hindu Kush pour revenir par les rivages de l'océan Indien ? Inlassablement, comptant leurs pas.

L'image est saisissante et la démesure de leur entreprise semble insensée. Et pourtant, leurs résultats sont d'une précision remarquable : moins de 5 % d'écart en moyenne entre leurs mesures et les distances réelles que l'on connaît aujourd'hui ! Les bématistes d'Alexandre ont ainsi permis de décrire la géographie de son royaume comme jamais encore cela n'avait été fait pour une région si vaste.

Deux siècles plus tard, en Égypte, un savant d'origine grecque du nom d'Ératosthène imagine un projet bien plus grand encore. Celui de mesurer la circonférence de… la Terre. Rien que ça ! Bien entendu, il n'est pas question d'envoyer de pauvres bématistes faire le tour de la planète. Cependant, grâce à d'habiles observations sur la différence d'inclinaison des rayons du Soleil entre les villes de Syène, actuel Assouan, et d'Alexandrie, Ératosthène a calculé que la distance entre les deux cités devait représenter un cinquantième de la circonférence totale de la Terre.

C'est tout naturellement qu'il fait alors appel à des bématistes pour faire la mesure. Contrairement à leurs homologues grecs, les bématistes égyptiens ne comptent pas directement leurs pas, mais ceux d'un chameau les accompagnant. L'animal est réputé pour la régularité de sa marche. Après de longues journées de voyage le long du Nil, le verdict tombe : les deux villes sont séparées par 5 000 stades et le tour de notre planète en fait donc 250 000, soit 39 375 kilomètres. Encore une fois, le résultat est d'une précision époustouflante quand nous savons aujourd'hui que la mesure exacte de cette circonférence est de 40 008 kilomètres. Moins de 2 % d'erreur !

Plus peut-être que tout autre peuple antique, les Grecs vont accorder à la géométrie une place prépondérante au sein de leur culture. Elle est reconnue pour sa rigueur et sa capacité à former les esprits. Pour Platon, c'est un passage obligé pour qui veut devenir philosophe et la légende veut qu'au frontispice de son Académie ait été gravée la devise : « Que nul n'entre ici s'il n'est géomètre. »

La géométrie est tellement en vogue qu'elle finit par déborder d'elle-même pour envahir d'autres disciplines. Les propriétés arithmétiques des nombres vont ainsi être interprétées en langage géométrique. Voyez par exemple cette définition d'Euclide extraite du septième livre de ses *Éléments de mathématiques* datés du IIIe siècle avant J.-C.

> *Lorsque deux nombres se multipliant font un autre nombre, celui qui est produit se nomme plan et ses côtés sont les nombres qui se sont multipliés.*

Si je fais le produit 5 × 3, les nombres 5 et 3 se nomment donc, d'après Euclide, les « côtés » de la multiplication. Pourquoi cela ? Tout simplement parce qu'une multiplication peut se représenter comme la surface d'un rectangle. Si ce dernier a une largeur égale 3 et une longueur de 5, son aire vaut 5×3. Les nombres 3 et 5 sont bien les côtés du rectangle. Le résultat de la multiplication, 15, est quant à lui appelé le « plan », puisqu'il correspond géométriquement à une surface.

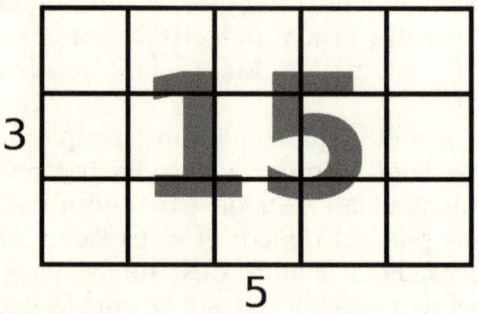

Des constructions similaires se déclinent à d'autres figures géométriques. Ainsi, un nombre est appelé triangulaire s'il peut se représenter en forme de... triangle. Les premiers nombres triangulaires sont 1, 3, 6 et 10.

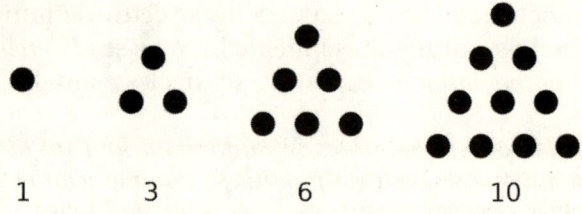

Ce dernier triangle de dix points n'est autre que le fameux tetractys dont Pythagore et ses disciples avaient fait le symbole de l'harmonie du cosmos. Sur le même principe, on trouve également les nombres carrés dont les premiers représentants sont 1, 4, 9 et 16.

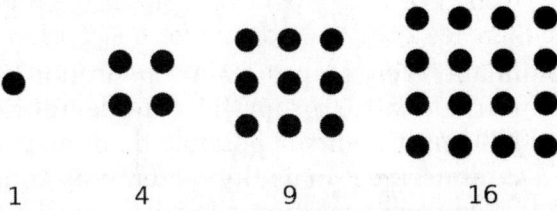

Et on pourrait bien sûr continuer longtemps comme ça avec toutes sortes de figures. La représentation géométrique des nombres permet ainsi de rendre visuelles et évidentes des propriétés qui, sans elle, semblent incompréhensibles.

Prenons un exemple, avez-vous déjà essayé d'additionner les nombres impairs les uns après les autres : 1 + 3 + 5 + 7 + 9 + 11 + … ? Non ? Il se passe pourtant une chose tout à fait étonnante. Regardez :

$$1$$
$$1 + 3 = 4$$
$$1 + 3 + 5 = 9$$
$$1 + 3 + 5 + 7 = 16$$

Remarquez-vous la particularité des nombres qui apparaissent ? Dans l'ordre : 1, 4, 9, 16… Ce sont les nombres carrés !

Et vous pouvez continuer aussi longtemps que vous voudrez, cette règle ne sera jamais démentie. Additionnez si vous en avez le courage les dix premiers nombres impairs, de 1 à 19, et vous trouverez 100 qui est le dixième nombre carré :

$$1 + 3 + 5 + 7 + 9 + 11 + 13 + 15 + 17 + 19 = 10 \times 10 = 100.$$

Étonnant, n'est-ce pas ? Mais pourquoi ? Par quel miracle cette propriété est-elle toujours vraie ? Il serait bien sûr possible de donner une preuve numérique, mais il y a bien plus simple. Grâce à la représentation géométrique, il suffit de découper les nombres carrés en tranches pour que l'explication nous saute aux yeux.

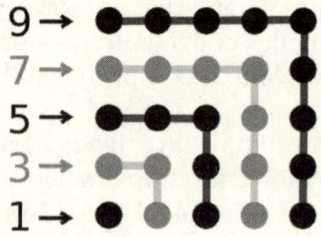

Chaque tranche ajoute un nombre impair de billes, tout en augmentant d'une unité le côté du carré. La preuve est faite, simple et limpide.

Bref, au royaume des mathématiques, la géométrie est reine et pas une affirmation ne saurait être validée sans être passée à son crible. Son hégémonie va perdurer bien au-delà de l'Antiquité et de la civilisation grecque. Il faudra encore attendre près de deux mille ans avant que les savants de la Renaissance ne lancent un vaste mouvement de modernisation des mathématiques qui détrônera la géométrie au profit d'un tout nouveau langage : celui de l'algèbre.

4

Le temps des théorèmes

Nous sommes au début du mois de mai. Il est midi et le soleil brille au-dessus du parc de la Villette dans le nord de Paris. En face de moi se dresse la Cité des sciences et de l'industrie avec, au premier plan, la Géode. Cette étrange salle de cinéma, construite au milieu des années 1980, ressemble à une gigantesque boule à facettes de trente-six mètres de diamètre.

L'endroit est très passager. Il y a là des touristes, appareils photo à la main, venus voir le curieux bâtiment parisien. Il y a des familles qui font leur promenade du mercredi. Quelques amoureux assis dans l'herbe ou marchant main dans la main. Ici ou là, un joggeur zigzague au milieu du flot des habitants du quartier qui passent indifférents, jetant à peine un regard à l'étrange apparition de cette sphère miroitante au milieu de leur quotidien. Tout autour, des enfants s'amusent à y observer l'image déformée du monde qui les entoure.

Pour ma part, si je suis ici aujourd'hui, c'est parce que sa géométrie m'intéresse tout particulièrement.

Je commence à m'en approcher en l'examinant attentivement. Sa surface est composée de milliers de miroirs triangulaires assemblés les uns avec les autres. À première vue, l'assemblage peut paraître parfaitement régulier, pourtant après quelques minutes à scruter le bâtiment, plusieurs irrégularités commencent à m'apparaître. Autour de certains points bien précis, les triangles se déforment et s'élargissent comme étirés par une malformation de la structure. Alors qu'à peu près partout sur la sphère, ils forment un maillage parfaitement régulier en se regroupant par hexagones de six, il existe une douzaine de points particuliers autour desquels les triangles ne sont groupés que par cinq.

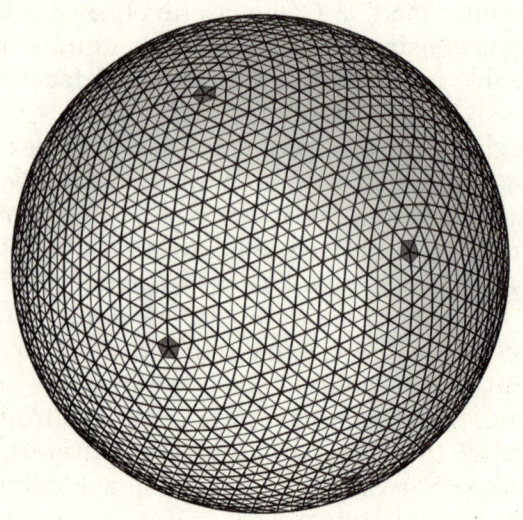

Représentation de la Géode et de ses milliers de triangles. Les points où les triangles se regroupent par cinq sont signalés en gris foncé

Ces irrégularités sont presque invisibles au premier regard. La plupart des promeneurs n'y prêtent d'ailleurs aucune attention. Pourtant, à mes yeux de mathématicien, elles n'ont rien d'étonnant. Je dois même dire que je m'attendais à les trouver ! L'architecte n'a pas fait d'erreur, il existe d'ailleurs dans le monde de nombreux autres bâtiments ayant une géométrie similaire et tous ont cette même douzaine de points où les pièces de base se regroupent par cinq au lieu de six. Ces points sont les résultats de contraintes géométriques incontournables découvertes il y a plus de deux mille ans par les mathématiciens grecs.

Théétète d'Athènes est un mathématicien du IVe siècle avant notre ère et c'est à lui qu'on attribue en général la description complète des polyèdres réguliers. Un polyèdre, en géométrie, c'est tout simplement une figure en volume délimitée par plusieurs faces planes. Ainsi, les cubes et les pyramides font partie de la famille des polyèdres, contrairement aux sphères et aux cylindres dont les faces sont arrondies. La géode, avec ses faces triangulaires, peut également être considérée comme un polyèdre géant, même si son grand nombre de faces lui fait ressembler de loin à une sphère.

Théétète s'intéressa tout particulièrement aux polyèdres parfaitement symétriques, c'est-à-dire ceux dont toutes les faces et tous les angles sont égaux. Et sa découverte est pour le moins déconcertante : il n'en trouva que cinq et démontra qu'il n'en existe pas d'autres. Cinq solides et c'est tout ! Pas un de plus.

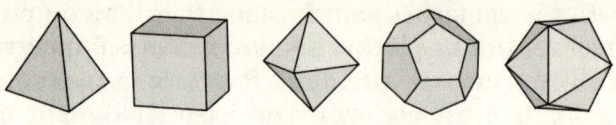

*De gauche à droite :
le tétraèdre, l'hexaèdre, l'octaèdre,
le dodacaèdre et l'icosaèdre*

Aujourd'hui encore, il est d'usage de nommer les polyèdres par leur nombre de faces, écrit en grec ancien, suivi du suffixe *-èdre*. Ainsi, le cube avec ses six faces carrées porte en géométrie le nom d'hexaèdre. Le tétraèdre, l'octaèdre, le dodécaèdre et l'icosaèdre ont quant à eux respectivement quatre, huit, douze et vingt faces. Plus tard, on donnera à ces cinq polyèdres le nom de solides de Platon.

De Platon ? Et pourquoi pas de Théétète ? L'histoire est parfois injuste et les découvreurs ne sont pas toujours ceux qui reçoivent les honneurs de la postérité. Le philosophe athénien n'est pour rien dans la découverte des cinq solides, mais il les rendit célèbres par une théorie les associant aux éléments du cosmos : le feu est associé au tétraèdre, la terre à l'hexaèdre, l'air à l'octaèdre et l'eau à l'icosaèdre. Quant au dodécaèdre, avec ses faces pentagonales, Platon prétendit qu'il s'agissait de la forme de l'Univers. Cette théorie a depuis bien longtemps été abandonnée par la science, et pourtant, c'est toujours à Platon que l'usage associe les cinq polyèdres réguliers.

Pour être tout à fait honnête, il faut dire que Théétète n'a pas non plus été le premier à découvrir ces cinq solides. On en trouve des modèles sculptés ou des descriptions écrites bien plus anciens. Une collection de petites balles en pierre sculptée reproduisant les formes des solides de Platon a ainsi été mise au jour en Écosse et daterait de mille ans avant le mathématicien grec ! Ces pièces sont actuellement conservées à l'Ashmolean Museum d'Oxford.

Alors Théétète ne vaut-il pas mieux que Platon ? Est-il, lui aussi, un imposteur ? Pas tout à fait, car si les cinq figures étaient connues avant lui, il fut le premier à démontrer clairement que la liste était complète. Inutile de chercher davantage, nous dit Théétète, personne n'en trouvera jamais d'autres. Cette affirmation a quelque chose de rassurant. Elle nous sort d'un doute affreux. Ouf ! Tout est là.

Cette étape est significative de la façon dont les mathématiciens grecs vont aborder les mathématiques. Pour eux, il ne s'agit plus seulement de trouver des solutions qui fonctionnent. Ils veulent épuiser le problème. Ils veulent être sûrs que rien ne leur échappe. Et pour cela, ils vont mener à son sommet l'art de l'exploration mathématique.

Revenons maintenant à notre Géode. La démonstration de Théétète est sans appel : impossible pour un polyèdre de plusieurs centaines de faces d'être parfaitement régulier. Alors comment faire lorsqu'on est architecte et que l'on veut créer un bâtiment qui ressemble autant que possible à une sphère bien régulière ? Difficile techniquement de concevoir l'édifice en un seul morceau. Non, rien à faire, il faut assembler une multitude de petites faces. Mais comment créer une telle structure ?

On peut imaginer diverses solutions. L'une d'elles consiste à prendre l'un des solides de Platon pour le modifier. Regardons l'icosaèdre par exemple. Avec ses vingt faces triangulaires, c'est lui qui a l'air le plus rond parmi les cinq. Pour le rendre plus souple, il est possible de découper chacune de ses faces en plusieurs faces plus petites. Le polyèdre obtenu peut alors être déformé, comme si on le gonflait en soufflant dedans, pour s'approcher au plus près d'une sphère.

Voici par exemple ce qui se passe si on subdivise chaque face de l'icosaèdre en quatre triangles plus petits.

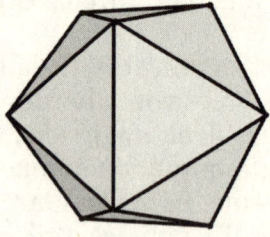

L'icosaèdre

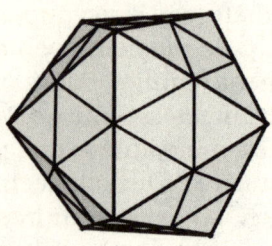

Icosaèdre aux faces découpées en quatre

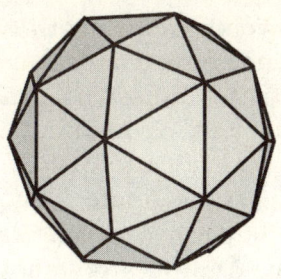

Icosaèdre aux faces découpées et gonflé

Un tel polyèdre se nomme en géométrie... une géode. Soit étymologiquement une figure qui a la forme de la Terre, c'est-à-dire qui ressemble à une sphère. Rien de très compliqué dans le principe. C'est exactement cette construction qui est utilisée pour la Géode de la Villette ! La subdivision des faces est cependant beaucoup plus fine : les triangles de base de l'icosaèdre sont cette fois découpés en 400 triangles plus petits, ce qui fait un total de huit mille facettes triangulaires !

En réalité, la Géode compte un peu moins de 8 000 facettes, seulement 6 433, car elle n'est pas complète. Sa base, posée sur le sol, est tronquée et certains triangles sont manquants. Toujours est-il que cette structure permet d'expliquer la présence des douze irrégularités. Ces dernières correspondent simplement aux douze sommets de l'icosaèdre de base. Autrement dit, ce sont les points où les grands triangles de départ se rassemblaient par cinq pour former les pointes de l'icosaèdre. Ces sommets, pointus au départ, ont été aplatis lors de la multiplication des faces au point d'être devenus quasiment invisibles. Pourtant, leur présence reste ancrée dans l'agencement des triangles et les douze irrégularités sont là pour le rappeler aux passants attentifs.

Théétète était sans doute bien loin d'imaginer que ses recherches permettraient un jour la construction d'édifices comme la Géode. Et c'est la grande puissance des mathématiques telles que les savants de la Grèce antique vont la développer : elles ont une formidable capacité à engendrer des idées nouvelles. Les Grecs vont commencer peu à peu à détacher leurs questionnements de problématiques concrètes et ainsi générer, par simple curiosité intellectuelle, des modèles originaux et inspirants. Bien que semblant souvent n'être d'aucun usage concret au moment où ils sont imaginés, ces modèles finissent parfois par se révéler d'une étonnante utilité bien longtemps après la disparition de leurs créateurs.

De nos jours, on retrouve les cinq solides de Platon dans différents contextes. Ils sont par exemple tout désignés pour servir de dés dans des jeux de société. Leur régularité assure que le dé soit équilibré, c'est-à-dire que toutes les faces aient les mêmes chances de sortir. Tout le monde connaît le dé cubique à six faces, mais les joueurs les plus invétérés savent que de nombreux jeux utilisent également les quatre autres formes pour varier les plaisirs et les probabilités.

Alors que je m'éloigne de la Géode, je croise un peu plus loin quelques enfants qui ont sorti un ballon et commencent un match de foot improvisé sur les pelouses de la Villette. Ils ne s'en doutent pas, mais eux aussi, à cet instant, doivent une fière chandelle à Théétète. Ont-ils remarqué que leur ballon possède également ses motifs géométriques ? La plupart des ballons de football sont formés sur le même modèle : vingt pièces hexagonales (six côtés) et douze pièces pentagonales (cinq côtés). Sur les ballons traditionnels, les hexagones sont blancs tandis que les pentagones sont noirs. Et même lorsque la surface du ballon est imprimée d'illustrations diverses et variées, il suffit de regarder attentivement les coutures qui délimitent les différentes pièces pour voir revenir inévitablement les vingt hexagones et les douze pentagones.

Un icosaèdre tronqué ! Voilà le nom que donnent les géomètres au ballon de foot. Et sa structure est motivée par les mêmes contraintes que la Géode : elle doit être la plus régulière et la plus ronde possible. Seulement, pour aboutir à ce résultat, les créateurs de ce modèle ont utilisé une méthode différente. Au lieu de subdiviser les faces pour pouvoir arrondir des angles, ils ont tout simplement choisi de… couper les angles. Imaginez un icosaèdre en pâte à modeler, munissez-vous d'un couteau et tranchez purement et simplement les sommets. Les vingt triangles ayant les pointes tranchées deviennent des hexagones, tandis que les douze pointes retirées font apparaître les douze pentagones.

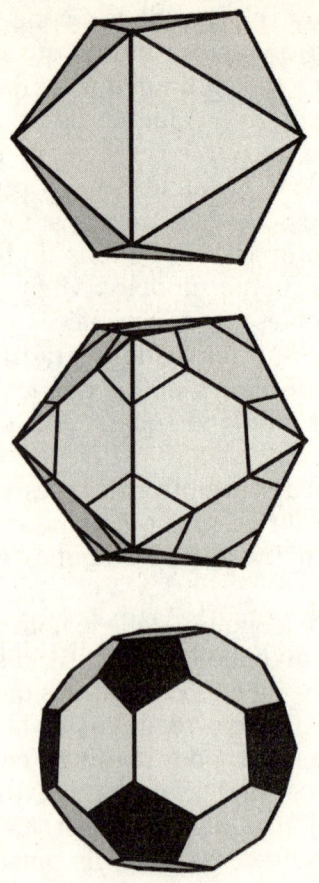

Les douze pentagones sur un ballon de foot ont donc la même origine que les douze irrégularités sur la surface de la Géode : ce sont les emplacements originels des douze sommets de l'icosaèdre.

Et cette jeune fille que je croise le mouchoir à la main alors que je quitte le parc de la Villette ? Elle ne semble pas très en forme. Ne serait-elle pas victime d'une mauvaise prolifération de micro-icosaèdres ? Certains organismes microscopiques tels que des virus prennent en effet naturellement la forme d'icosaèdres ou de dodécaèdres. C'est le cas par exemple des rhinovirus, responsables de la plupart des rhumes.

Si ces minuscules créatures adoptent de telles formes, c'est pour les mêmes raisons que nous les utilisons en architecture ou pour nos ballons. Par souci de symétrie et d'économie. Grâce aux icosaèdres, les ballons ne sont composés que de deux types de pièces différentes. De la même manière, la membrane des virus n'est composée que de quelques types de molécules différentes (quatre pour les rhinovirus) qui s'emboîtent les unes dans les autres en répétant toujours le même motif. Le code génétique nécessaire à la création d'une telle enveloppe est donc bien plus concis et économe que s'il avait fallu décrire une structure sans aucune symétrie.

Encore une fois, Théétète aurait été bien surpris d'apprendre jusqu'où ses polyèdres viennent se cacher.

Quittons pour de bon le parc de la Villette et reprenons le cours chronologique de notre histoire. Comment les mathématiciens antiques, comme Théétète, en sont-ils venus à se poser des questions de plus en plus générales et théoriques ? Pour le comprendre, il nous faut revenir quelques milliers d'années en arrière sur le pourtour oriental de la Méditerranée.

Alors que les cultures babyloniennes et égyptiennes s'éteignent lentement, la Grèce antique va connaître ses plus grands siècles. À partir du VIe siècle avant l'ère commune, le monde grec entre dans une période d'ébullition culturelle et scientifique sans précédent. La philosophie, la poésie, la sculpture, l'architecture, le théâtre, la médecine ou encore l'histoire sont autant de disciplines qui vont connaître une véritable révolution. Aujourd'hui encore, la vitalité exceptionnelle de cette période garde sa part de fascination et de mystère. Dans ce vaste mouvement intellectuel, les mathématiques vont occuper une place de choix.

Lorsque l'on pense à la Grèce antique, la première image qui vient est souvent celle de la cité d'Athènes dominée par son Acropole. On y imagine, déambulant au milieu de temples en marbre du Pentélique et de quelques oliviers, des citoyens en toge blanche venant tout juste d'inventer la première démocratie de l'histoire ! Cette vision est pourtant bien loin de représenter l'ensemble du monde grec dans toute sa diversité.

Aux VIIIe et VIIe siècles avant J.-C., une multitude de colonies grecques ont essaimé sur le pourtour méditerranéen. Ces colonies se sont parfois mélangées avec les peuples locaux, adoptant en partie leurs coutumes et mode de vie. Tous les Grecs ne mènent pas la même existence, loin de là. Leur alimentation, leurs loisirs, leurs croyances et leurs systèmes politiques varient largement d'une région à l'autre.

L'émergence des mathématiques grecques ne va donc pas se faire dans un lieu restreint où tous les savants se connaissent et se croisent quotidiennement, mais sur une vaste zone géographique et culturelle. Le contact des civilisations plus anciennes dont elle va se faire l'héritière et le brassage de sa propre diversité vont être un des moteurs de la révolution mathématique. Nombreux seront les savants qui effectueront au cours de leur vie un pèlerinage en Égypte ou au Moyen-Orient, comme un passage obligé dans leur apprentissage. Une bonne partie des mathématiques babyloniennes et égyptiennes vont ainsi se retrouver intégrées et prolongées par les savants grecs.

C'est dans la cité de Milet, sur la côte sud-ouest de l'actuelle Turquie, que va naître, à la fin du VIIe siècle, le premier grand mathématicien grec : Thalès. Malgré de multiples sources le mentionnant, il est difficile aujourd'hui d'extraire des informations fiables concernant sa vie et ses travaux. Comme pour beaucoup des savants de cette époque, diverses légendes seront forgées après sa mort par quelques disciples un peu trop zélés, au point qu'il est devenu difficile de démêler le vrai du faux. Les scientifiques de cette époque n'étaient pas du genre à s'embarrasser d'éthiques trop contraignantes et il n'était pas rare de les voir s'arranger avec la vérité quand celle-ci n'était pas à leur goût.

Parmi les multiples histoires qui circulent à son sujet, il se dit par exemple que Thalès était particulièrement distrait. Le savant milésien aurait été le premier spécimen d'une longue tradition de savants tête en l'air ! Une anecdote rapporte qu'une nuit, on le vit tomber dans un puits alors qu'il se promenait le nez en l'air en observant les étoiles. Une autre nous raconte qu'il mourut, à près de 80 ans, alors qu'il assistait à une compétition sportive : il aurait été tellement captivé par le spectacle qu'il en aurait oublié de boire et de manger.

Ses prouesses scientifiques font également l'objet de récits singuliers. Thalès aurait été le tout premier à avoir prédit correctement une éclipse de Soleil. Cette éclipse survint en pleine bataille entre Mèdes et Lydiens, sur les rives du fleuve Halys dans l'ouest de l'actuelle Turquie. Face à l'irruption de la nuit en plein jour, les combattants, croyant à un message des dieux, décidèrent immédiatement de conclure la paix. Aujourd'hui, prédire les éclipses ou reconstituer celles du passé est devenu un jeu d'enfant pour nos astronomes. Grâce à eux, nous savons que cette éclipse eut lieu le 28 mai – 584, faisant de la bataille de l'Halys l'événement historique le plus ancien que l'on sache dater avec une telle précision !

C'est au cours d'un voyage en Égypte que Thalès va accomplir ce qui sera considéré comme sa plus grande réussite. On raconte que le pharaon Amasis en personne lui lança le défi de mesurer la hauteur de la grande pyramide. Jusque-là, les savants égyptiens qui avaient été consultés avaient tous échoué sur la question. Thalès va non seulement relever le défi, mais il va le faire avec élégance en usant d'une méthode particulièrement astucieuse. Le savant milésien planta un bâton verticalement dans le sol et attendit le moment de la journée où la longueur de son ombre était égale à sa hauteur. À ce moment précis, il fit mesurer l'ombre de la pyramide qui, elle aussi, devait être égale à sa hauteur. Le tour était joué !

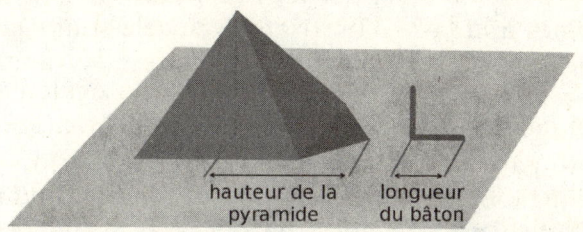

L'histoire est certes jolie, mais encore une fois, sa réalité historique est incertaine. Telle qu'elle est racontée, l'anecdote est d'ailleurs assez méprisante pour les savants égyptiens de l'époque, alors que des papyrus comme celui d'Ahmès montrent que ces derniers savaient parfaitement calculer la hauteur de leurs pyramides plus de mille ans avant l'arrivée de Thalès ! Alors où est la vérité ? Thalès a-t-il vraiment mesuré la hauteur de la pyramide ? Fut-il le premier à utiliser la méthode de l'ombre ? Et s'il s'était contenté de mesurer la hauteur d'un olivier devant sa maison à Milet ? Ses disciples se seraient chargés d'embellir l'histoire après sa mort. Il faut bien se rendre à l'évidence, nous n'en saurons probablement jamais rien.

Quoi qu'il en soit, la géométrie de Thalès, elle, est bien réelle et qu'il l'ait appliquée à la grande pyramide ou à un olivier, la méthode de l'ombre n'en reste pas moins géniale. Cette méthode constitue un cas particulier d'une propriété à laquelle on donne aujourd'hui son nom : le théorème de Thalès. Plusieurs autres résultats mathématiques sont attribués à Thalès : le cercle est divisé en deux par tout diamètre (fig. 1) ; les angles à la base d'un triangle isocèle sont égaux (fig. 2) ; de deux droites sécantes, les angles opposés au sommet sont égaux (fig. 3) ; si un triangle a ses trois sommets sur un cercle et un côté passant par le centre de ce cercle, alors ce triangle est rectangle (fig. 4). Ce dernier énoncé est d'ailleurs lui aussi parfois appelé théorème de Thalès.

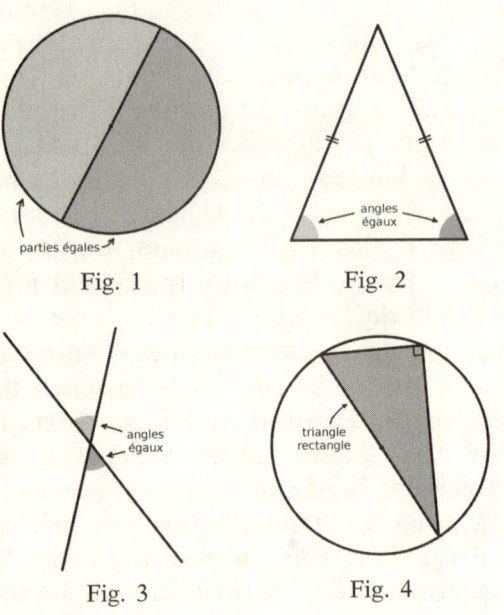

Fig. 1

Fig. 2

Fig. 3

Fig. 4

Alors venons-en à ce mot étrange qui fascine autant qu'il fait peur : qu'est-ce qu'un théorème ? Étymologiquement, le mot vient des racines grecques *théa* (contemplation) et *horâô* (regarder, voir). Ainsi, un théorème serait une sorte d'observation sur le monde mathématique, un fait qui aurait été constaté, examiné puis consigné par les mathématiciens. Les théorèmes peuvent être transmis par oral comme par écrit et ressemblent à des recettes de grand-mère ou à des dictons météorologiques qui ont été éprouvés au fil des générations et dans la véracité desquels on a confiance. L'hirondelle ne fait pas le printemps, le laurier calme les rhumatismes et le triangle 3-4-5 possède un angle droit. Ce sont des choses que l'on croit vraies et dont on cherche à se souvenir pour les réutiliser le moment venu.

Selon cette définition, les Mésopotamiens, les Égyptiens et les Chinois énonçaient également des théorèmes. Pourtant, à partir de Thalès, les Grecs vont leur donner une nouvelle dimension. Pour eux, un théorème doit non seulement énoncer une vérité mathématique, mais celle-ci doit être formulée de la manière la plus générale possible et s'accompagner d'une démonstration qui la valide.

Revenons sur l'une des propriétés attribuées à Thalès : le diamètre d'un cercle divise ce dernier en deux parties égales. Une telle affirmation peut paraître assez décevante de la part d'un savant de l'envergure de Thalès ! Cela semble évident. Comment aurait-il fallu attendre le VIe siècle avant notre ère pour qu'une affirmation aussi triviale soit enfin énoncée ? Nul doute que les savants égyptiens et babyloniens devaient savoir cela depuis bien longtemps.

Pourtant, il ne faut pas s'y tromper, ce qui fait l'audace de la propriété du savant milésien, ce n'est pas tant son contenu que sa formulation. Thalès ose parler d'un cercle sans préciser lequel ! Pour énoncer la même règle, Babyloniens, Égyptiens ou Chinois auraient pris un exemple. Tracez un cercle de rayon 3 et l'un de ses diamètres, auraient-ils dit, ce cercle est divisé en deux parts égales par ce diamètre. Et si un exemple n'est pas suffisant pour comprendre la règle, on en donne un deuxième, un troisième, un quatrième si nécessaire. Autant d'exemples qu'il le faut pour que le lecteur comprenne qu'il peut répéter la même opération sur chaque cercle qu'il rencontrera. Mais jamais l'affirmation générale n'est formulée.

Thalès franchit un cap. Prenez un cercle, celui que vous voulez, je ne veux pas le savoir. Il peut être gigantesque ou minuscule. Tracez-le à l'horizontale, à la verticale ou sur un plan incliné, ça m'est égal. Je me moque complètement de votre cercle en particulier et de la façon dont vous l'avez tracé. Et pourtant j'affirme que son diamètre le coupe en deux parties égales !

Par cette opération, Thalès accorde définitivement aux figures géométriques le statut d'objets mathématiques abstraits. Cette étape de la pensée est semblable à celle qui avait amené deux mille ans plus tôt les Mésopotamiens à considérer les nombres indépendamment des objets comptés. Un cercle n'est plus une figure tracée dans la terre, sur une tablette ou un papyrus. Le cercle devient une fiction, une idée, un idéal abstrait dont toutes les représentations réelles ne sont que des avatars imparfaits.

Désormais, les vérités mathématiques pourront être énoncées de façon concise et générale, indépendamment des divers cas particuliers qu'elles recouvrent. Ce sont à ces énoncés que les Grecs donnent désormais le nom de théorèmes.

Thalès eut plusieurs disciples à Milet. Les deux plus célèbres d'entre eux furent Anaximène et Anaximandre. Anaximandre eut à son tour des disciples, et parmi eux, un certain Pythagore qui devait laisser son nom au théorème le plus célèbre de tous les temps.

Pythagore est né au début du VIe siècle avant notre ère sur l'île de Samos, située au large de l'actuelle Turquie, à quelques kilomètres seulement de la cité de Milet. Après une jeunesse d'apprentissage à voyager de par le monde antique, Pythagore élut domicile dans la cité de Crotone, dans le Sud-Est de l'actuelle Italie. C'est là qu'il va fonder son école en – 532.

Pythagore et ses disciples ne sont pas seulement mathématiciens et scientifiques, ils sont également philosophes, religieux et hommes politiques. Il faut cependant le dire, si nous la transposions à notre époque, la communauté initiée par Pythagore passerait sans doute pour une secte des plus obscures et dangereuses. L'existence des pythagoriciens est régie par un ensemble de règles précises. Quiconque prétend intégrer l'école doit ainsi passer par une période de cinq années de silence. Les pythagoriciens ne possèdent rien individuellement : tous leurs biens sont mis en commun. Pour se reconnaître entre eux, ils utilisent différents symboles tels que la tétraktys ou le pentagramme ayant une forme d'étoile à cinq branches. Par ailleurs, les pythagoriciens se considèrent comme des personnes éclairées et estiment normal que le pouvoir politique leur revienne. Ils s'opposeront fermement aux révoltes des cités refusant leur autorité. C'est d'ailleurs lors d'une de ces émeutes que Pythagore trouvera la mort à l'âge de 85 ans.

Le nombre de légendes en tous genres qui seront inventées autour de Pythagore est également impressionnant. Ses disciples n'ont guère manqué d'imagination, jugez un peu. D'après eux, Pythagore serait le fils du dieu Apollon. Le nom Pythagore signifie d'ailleurs littéralement « celui qui a été annoncé par la Pythie » : la Pythie de Delphes était en effet l'oracle du temple d'Apollon et c'est elle qui aurait annoncé aux parents de Pythagore la naissance prochaine de leur rejeton. Selon l'oracle, Pythagore devait devenir le plus beau et le plus sage des hommes. Avec une telle naissance, le savant grec était prédestiné aux grandes choses. Pythagore se souvenait de toutes ses vies antérieures. À ce titre, il avait notamment été un des héros de la guerre de Troie sous le nom d'Euphorbe. Dans sa jeunesse, Pythagore a participé aux Jeux olympiques et remporté toutes les épreuves de pugilat (ancêtre de notre boxe). Pythagore est l'inventeur des toutes premières gammes de musique. Pythagore est capable de marcher dans les airs. Pythagore est mort et ressuscité. Pythagore a des talents de devin et de guérisseur. Pythagore commande aux animaux. Pythagore possède une cuisse en or.

Si la plupart de ces légendes sont suffisamment farfelues pour qu'on n'y prête pas de crédit, pour d'autres en revanche, il est difficile de se prononcer. Est-il vrai, par exemple, que Pythagore fut le premier à utiliser le mot « mathématiques » ? Les faits sont si hasardeux que certains historiens ont même fini par émettre l'hypothèse que Pythagore ait été un personnage purement fictif, imaginé par les pythagoriciens pour leur servir de figure tutélaire.

Alors, faute de pouvoir en apprendre plus sur l'homme, revenons à ce qui allait lui valoir d'être encore connu de tous les écoliers du monde plus de deux mille cinq cents ans après sa mort : le théorème de Pythagore ! Que nous dit-il, ce fameux théorème ? Son énoncé peut paraître étonnant, car il établit un lien entre deux notions mathématiques qui semblent sans rapport : les triangles rectangles et les nombres carrés.

Reprenons notre triangle rectangle préféré, le 3-4-5. À partir des longueurs de ses trois côtés, il est possible de construire trois nombres carrés : 9, 16 et 25.

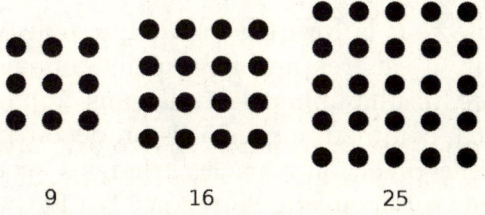

On peut alors remarquer une drôle de coïncidence : 9+16 = 25. La somme des carrés des côtés 3 et 4 est égale au carré du côté 5. On pourrait croire à un hasard, et pourtant, si l'on essaye de reproduire ce calcul avec un autre triangle rectangle, cela marche encore. Prenons par exemple le triangle 65-72-97 que l'on trouve sur la tablette babylonienne Plimpton. Les trois nombres carrés correspondants sont 4225, 5184 et 9409. Et ça ne rate pas : 4 225+5 184 = 9 409. Avec ces grands nombres, il devient difficile de croire à une simple coïncidence.

Vous pourrez essayer avec tous les triangles rectangles que vous voudrez, petits ou grands, fins ou larges, ça marche toujours ! Dans un triangle rectangle, la somme des carrés des deux côtés qui forment l'angle droit est toujours égale au carré du troisième côté (que l'on nomme l'hypoténuse). Et cela marche aussi dans l'autre sens : si dans un triangle, la somme des carrés des deux plus petits côtés est égale au carré du plus grand, alors il s'agit d'un triangle rectangle. Voilà le théorème de Pythagore !

Bien entendu, on ne sait pas vraiment si Pythagore ou ses disciples ont réellement contribué à ce théorème. Même si les Babyloniens ne l'ont jamais formulé sous la forme générale que nous venons de voir, il est très probable qu'ils connaissaient déjà ce résultat plus de mille ans auparavant. Sans ça, comment auraient-ils pu découvrir avec une telle précision tous les triangles rectangles présents sur la tablette Plimpton ? Les Égyptiens et les Chinois connaissaient eux aussi probablement le théorème. Celui-ci sera d'ailleurs clairement énoncé dans les commentaires qui seront ajoutés aux Neuf Chapitres dans les siècles qui suivirent sa rédaction.

Certains récits prétendent que Pythagore aurait été le premier à donner une démonstration du théorème. Aucune source fiable ne permet cependant de le confirmer et la plus ancienne démonstration qui nous soit parvenue ne se trouve que dans les *Éléments de mathématiques* rédigés par Euclide trois siècles plus tard.

5
Un peu de méthode

La question de la preuve va être l'un des principaux chantiers des mathématiques grecques. Pas un théorème ne saurait être validé sans être accompagné d'une démonstration, c'est-à-dire d'un raisonnement logique précis établissant de façon définitive sa véracité. Il faut dire que sans le garde-fou que représentent les démonstrations, les résultats mathématiques peuvent réserver quelques mauvaises surprises. Certaines méthodes, pourtant reconnues et largement utilisées, ne marchent pas toujours si bien que ça.

Tenez ! Rappelez-vous, la construction du papyrus Rhind pour tracer un carré et un disque de même aire. Eh bien, elle est fausse. Pas de beaucoup, certes, mais fausse quand même. Lorsqu'on mesure précisément les surfaces, elles diffèrent d'environ 0,5 % ! Alors d'accord pour les arpenteurs et autres géomètres de terrain, une telle précision est largement suffisante, mais pour les mathématiciens théoriques, c'est inadmissible.

Pythagore lui-même se laissa piéger par de fausses hypothèses. Sa plus célèbre erreur concerne les longueurs commensurables. Ainsi pensait-il qu'en géométrie, deux longueurs sont toujours commensurables, c'est-à-dire qu'il est possible de trouver une unité suffisamment petite permettant de les mesurer simultanément. Imaginez une ligne de 9 centimètres et une autre de 13,7 centimètres. Les Grecs ne connaissant pas les nombres à virgule, ils ne mesuraient les longueurs qu'avec des nombres entiers. Ainsi, pour eux, la deuxième ligne n'est pas mesurable en centimètres. Qu'à cela ne tienne, il suffit dans ce cas de prendre une unité dix fois plus petite pour dire que les deux lignes mesurent respectivement 90 et 137 millimètres. Pythagore était persuadé que deux lignes quelconques, quelles que soient leurs longueurs, étaient toujours commensurables en trouvant l'unité de mesure adéquate.

Cette conviction fut pourtant infirmée par un pythagoricien nommé Hippase de Métaponte. Ce dernier découvrit que dans un carré, le côté et la diagonale sont incommensurables ! Quelle que soit l'unité de mesure que l'on choisisse, il n'est pas possible qu'à la fois le côté du carré et sa diagonale se mesurent par des nombres entiers. Hippase en fournit une démonstration logique ne laissant aucune place au doute à ce sujet. Pythagore et ses disciples en furent si contrariés qu'Hippase fut exclu de l'école. On raconte même que cette découverte lui valut d'être emmené en mer et jeté par-dessus bord par ses condisciples !

Pour les mathématiciens, ces anecdotes sont terrifiantes. Peut-on jamais être sûr de quoi que ce soit ? Faut-il vivre dans la crainte permanente que chaque découverte mathématique s'écroule un jour ? Et le triangle 3-4-5 ? Est-on bien sûr qu'il soit rectangle ? Ne risque-t-on pas de découvrir un beau jour que l'angle qui paraissait jusque-là parfaitement droit, ne l'est, lui aussi, qu'à peu près ?

Aujourd'hui encore, il n'est pas rare que les mathématiciens soient victimes d'intuitions trompeuses. C'est pourquoi, poursuivant la quête de rigueur de leurs homologues grecs, nos mathématiciens prennent désormais un grand soin à faire la différence entre les énoncés démontrés qu'ils nomment « théorèmes » et ceux qu'ils croient vrais, mais pour lesquels ils n'ont pas encore de preuve, qu'ils nomment « conjectures ».

L'une des plus célèbres conjectures de notre époque se nomme l'hypothèse de Riemann. De nombreux mathématiciens ont suffisamment confiance dans la véracité de cette hypothèse non démontrée pour l'intégrer à la base de leurs recherches. Que cette conjecture devienne un jour théorème et tous leurs travaux seraient alors validés. Mais qu'elle soit un jour infirmée et ce sont les œuvres de vies entières de recherche qui s'effondreraient avec elle. Nos scientifiques du XXIe siècle sont sans doute plus raisonnables que leurs ancêtres grecs, mais on peut cependant comprendre que, dans ces conditions, le mathématicien qui annoncerait la fausseté de l'hypothèse de Riemann puisse susciter des envies de noyade chez quelques-uns de ses collègues.

C'est pour échapper à cette angoisse permanente du démenti que les mathématiques ont besoin de démonstrations. Non, nous ne découvrirons jamais que le 3-4-5 n'est pas rectangle. Il l'est, c'est certain. Et cette certitude vient du fait que le théorème de Pythagore possède une démonstration. Tout triangle dont la somme des carrés de deux côtés est égale au carré du troisième est un triangle rectangle. Cet énoncé n'était sans doute qu'une conjecture pour les Mésopotamiens. Elle est devenue théorème avec les Grecs. Ouf.

Mais alors, à quoi ça ressemble, une démonstration ? Le théorème de Pythagore n'est pas seulement le plus célèbre des théorèmes, mais il est également un de ceux qui possèdent le plus grand nombre de démonstrations différentes. On en compte plusieurs dizaines. Certaines d'entre elles ont été découvertes indépendamment par des civilisations qui n'avaient jamais entendu parler d'Euclide ni de Pythagore. C'est le cas par exemple des démonstrations que l'on trouve dans les commentaires des Neuf Chapitres chinois. D'autres sont l'œuvre de mathématiciens qui savaient le théorème déjà prouvé mais qui, par défi ou pour laisser leur empreinte personnelle, se sont amusés à en établir de nouvelles preuves. Parmi ces derniers, on compte quelques noms célèbres comme ceux de l'inventeur italien Léonard de Vinci ou encore du vingtième président des États-Unis, James Abram Garfield.

Un des principes que l'on retrouve dans plusieurs de ces démonstrations est celui du puzzle : si deux figures géométriques peuvent se former à partir des mêmes pièces, alors elles ont la même superficie. Regardez ce découpage imaginé par le mathématicien chinois du IIIe siècle, Liu Hui.

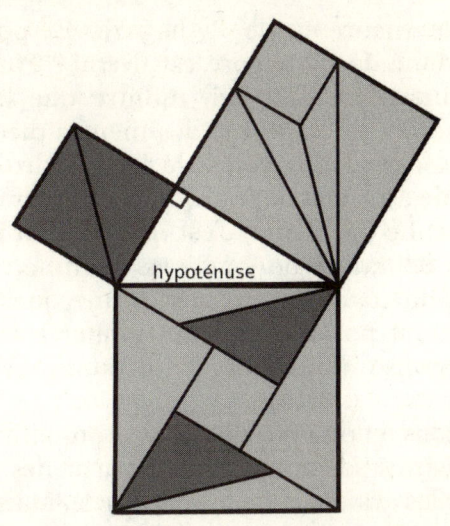

Les deux carrés construits sur les deux côtés de l'angle droit du triangle rectangle central sont composés de respectivement deux et cinq pièces. Ce sont ces mêmes sept pièces qui composent le carré construit sur l'hypoténuse. La superficie du carré de l'hypoténuse est donc égale à la somme des superficies des deux plus petits carrés. Et comme la superficie d'un carré est égale au nombre carré associé à la longueur de son côté, cela montre bien que le théorème de Pythagore est vrai.

Nous nous passerons ici des détails, mais bien sûr, il convient pour que la démonstration soit complète de montrer que toutes les pièces sont rigoureusement identiques et qu'un tel découpage fonctionne pour tous les triangles rectangles.

Bref ! Reprenons la chaîne de nos déductions. Pourquoi le 3-4-5 est-il rectangle ? Parce qu'il vérifie le théorème de Pythagore. Et pourquoi le théorème de Pythagore est-il vrai ? Parce que le découpage de Liu Hui montre que le carré de l'hypoténuse est formé des mêmes pièces que les deux carrés des côtés de l'angle droit. Cela ressemble au jeu du « pourquoi » dont les enfants raffolent. Le problème, c'est que ce petit jeu a le fâcheux défaut de ne jamais se terminer. Quelle que soit la réponse apportée à une question, il est toujours possible de questionner à nouveau cette réponse. Pourquoi ? Oui, pourquoi ?

Revenons à notre puzzle : nous avons affirmé que si des figures se composaient à partir des mêmes pièces, elles avaient la même superficie. Mais avons-nous démontré que ce principe est toujours vrai ? Ne pourrait-on pas trouver des pièces de puzzle dont la surface varierait selon la façon dont on les assemblerait ? Une telle proposition semble absurde, n'est-ce pas ? Tellement absurde qu'il serait farfelu d'essayer de le démontrer… Pourtant, nous venons tout juste de reconnaître qu'il est important de tout démontrer en mathématiques. Serions-nous prêts à renoncer à nos principes, quelques instants seulement après les avoir adoptés ?

La situation est grave. D'autant que, même si nous parvenions à expliquer pourquoi le principe du puzzle est vrai, il nous faudrait encore justifier les raisonnements que nous utiliserions à cette fin !

Les mathématiciens grecs ont bien pris conscience de ce problème. Pour faire une démonstration, il faut pouvoir commencer quelque part. Or la toute première phrase de tout ouvrage de mathématiques ne peut pas avoir été démontrée, précisément parce qu'elle est la première. Toute construction mathématique doit donc commencer par admettre un certain nombre d'évidences préalables. Des évidences qui seront les fondations de toutes les déductions qui suivront et qu'il faut donc choisir avec le plus grand soin.

Ces évidences, les mathématiciens les nomment « axiomes ». Les axiomes sont des énoncés mathématiques, comme peuvent l'être les théorèmes et les conjectures, mais à la différence de ces derniers, ils n'ont pas de démonstration et ne cherchent pas à en avoir. Ils sont admis comme étant vrais.

Les *Éléments de mathématiques* rédigés au IIIe siècle avant notre ère par Euclide forment un ensemble de treize livres traitant principalement de géométrie et d'arithmétique.

On ne sait pas grand-chose d'Euclide et les sources le concernant sont beaucoup plus rares que pour Thalès ou Pythagore. Il est possible qu'il ait vécu du côté d'Alexandrie. D'autres ont avancé la possibilité, comme cela avait déjà été évoqué pour Pythagore, qu'il n'ait pas été un homme, mais le nom d'un collectif de savants. Rien n'est moins sûr.

En dépit du peu d'informations que nous avons sur lui, Euclide nous a laissé, avec les *Éléments*, une œuvre monumentale. Cet ouvrage est unanimement considéré comme l'un des plus grands textes de l'histoire des mathématiques pour avoir été le premier à adopter une approche axiomatique. La construction des *Éléments* est étonnamment moderne et sa structure très proche de celle qui est encore utilisée par les mathématiciens de notre époque. À la fin du XVe siècle, les *Éléments* seront parmi les tout premiers ouvrages à être imprimés sur les nouvelles presses Gutenberg. L'œuvre d'Euclide serait aujourd'hui le deuxième texte ayant connu le plus d'éditions dans l'histoire, juste derrière la Bible.

Dans le premier livre des *Éléments* qui traite de géométrie plane, Euclide pose les cinq axiomes suivants :

1. *Un segment de droite peut être tracé en joignant deux points quelconques ;*
2. *Un segment de droite peut être prolongé indéfiniment des deux côtés ;*
3. *Étant donné un segment, il est possible de tracer un cercle dont le rayon est ce segment et dont le centre est une des extrémités du segment ;*
4. *Tous les angles droits sont superposables ;*
5. *Si deux lignes droites sont sécantes avec une troisième de sorte que la somme des angles intérieurs d'un côté soit inférieure à deux angles droits, alors ces deux lignes sont sécantes de ce côté*[1] .

---

1. Cet axiome, nettement plus complexe que les quatre autres, provoquera de nombreux débats entre mathématiciens. Sur la figure ci-dessous, la somme des deux angles indiqués est inférieure à deux angles droits, en conséquence les droites 1 et 2 sont sécantes du côté de ces deux angles.

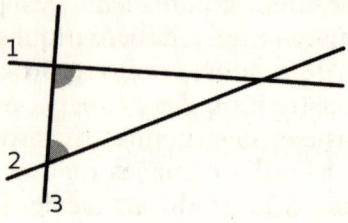

S'ensuit toute une ribambelle de théorèmes impeccablement démontrés. Pour chacun d'entre eux, Euclide n'utilise rien d'autre que ses cinq axiomes ou que les résultats qu'il a précédemment établis. Le tout dernier théorème du premier livre est une vieille connaissance, puisqu'il s'agit du théorème de Pythagore.

Après Euclide, de nombreux mathématiciens se pencheront à leur tour sur la question du choix des axiomes. Beaucoup furent notamment intrigués et perturbés par le cinquième. Ce dernier axiome est en effet beaucoup moins élémentaire que ses quatre associés. Il sera parfois remplacé par un autre énoncé plus simple, mais permettant d'aboutir aux mêmes conclusions : *par un point, on peut tracer une et une seule droite parallèle à une droite donnée*. Les débats sur le choix du cinquième axiome perdurèrent jusqu'au XIXe siècle où elles finirent par aboutir sur la création de nouveaux modèles géométriques dans lesquels cet axiome est faux !

L'énoncé des axiomes pose un autre problème : celui des définitions. Tous ces mots utilisés : points, segments, angles ou autre cercles, que signifient-ils ? Comme pour les démonstrations, la question des définitions est sans fin. La première définition posée doit bien être exprimée avec des mots qui n'auront pas été définis avant.

Dans les *Éléments*, les définitions précèdent les axiomes. La première phrase du premier livre est la définition du point.

Le point est ce qui n'a pas de parties.

Débrouillez-vous avec ça ! Ce que veut dire Euclide par cette définition, c'est que le point est la plus petite figure géométrique possible. Impossible de faire des puzzles avec un point, il est incoupable, il n'a pas de parties. En 1632, dans l'une des premières éditions françaises des *Éléments*, le mathématicien Denis Henrion étoffe un peu la définition dans ses commentaires en précisant que le point n'a ni longueur, ni largeur, ni épaisseur.

Ces définitions négatives laissent sceptique. Dire ce que n'est pas le point, ce n'est pas vraiment dire ce qu'il est ! Et pourtant, bien malin qui saurait proposer mieux. Dans certains manuels scolaires du début du XXe siècle, on trouvait parfois la définition suivante : *un point est la trace laissée par un crayon finement taillé que l'on appuie sur une feuille de papier*. Finement taillé ! Cette fois, nous sommes dans le concret. Cette définition aurait pourtant fait bondir Euclide, Pythagore et Thalès qui s'étaient donné tant de mal à faire des figures géométriques des objets abstraits et idéalisés. Aucun crayon, aussi finement taillé soit-il, ne saurait laisser une trace n'ayant réellement ni longueur, ni largeur, ni épaisseur.

Bref, personne ne sait vraiment dire ce qu'est un point, mais tout le monde est à peu près convaincu que l'idée est suffisamment simple et claire pour ne pas générer d'ambiguïté. Nous sommes tous à peu près sûrs que nous parlons de la même chose quand nous utilisons le mot *point*.

C'est sur cet acte de foi dans les définitions premières et dans les axiomes que va être édifiée toute la géométrie. Et, faute de mieux, c'est sur ce même modèle que finiront par se construire toutes les mathématiques modernes.

Définitions – Axiomes – Théorèmes – Démonstrations : le chemin tracé par Euclide détermine ce qui sera la routine des mathématiques qui viendront après lui. Pourtant, alors que les théories se structurent et s'amplifient, de nouveaux grains de sable vont venir se glisser dans les souliers des mathématiciens : les paradoxes.

Un paradoxe, c'est un truc qui devrait marcher, mais qui ne marche pas. C'est une contradiction apparemment insoluble. Un raisonnement qui semble parfaitement juste et qui aboutit pourtant à un résultat complètement absurde. Imaginez un peu que vous établissiez une liste d'axiomes qui vous paraissent incontestables et que pourtant vous en déduisiez des théorèmes qui sont manifestement faux. Un cauchemar !

L'un des plus célèbres paradoxes est attribué à Eubulide de Milet et concerne des propos tenus par le poète Épiménide. Ce dernier aurait en effet déclaré un jour « les Crétois sont des menteurs ». Le problème, c'est qu'Épiménide était lui-même crétois ! Par conséquent, si ce qu'il dit est vrai, c'est un menteur… et donc ce qu'il dit est faux. Et si au contraire sa phrase est fausse, alors il ment et la phrase dit bien la vérité ! Plusieurs variantes du même paradoxe seront inventées par la suite, la plus simple d'entre elles consistant simplement en une personne déclarant : « Je mens. »

Le paradoxe du menteur remet en cause une idée préconçue qui voudrait que toute phrase doive être soit vraie, soit fausse. Il n'y a pas de troisième possibilité. En mathématiques, cela porte le nom de principe du tiers exclu. À première vue, il serait bien tentant de faire de ce principe un axiome. Pourtant, le paradoxe du menteur nous met en garde : la situation est plus complexe que ça. Si un énoncé vient à affirmer sa propre fausseté, alors il ne peut logiquement être ni vrai ni faux.

Cette curiosité n'empêchera pas la plupart des mathématiciens jusqu'à nos jours de considérer le tiers exclu comme vrai. Après tout, le paradoxe du menteur n'est pas vraiment un énoncé mathématique et on pourrait le considérer davantage comme une incohérence linguistique que comme une contradiction logique. Pourtant, plus de deux mille ans après Eubulide, des logiciens découvriront que des paradoxes du même type peuvent également apparaître au sein des théories les plus rigoureuses, entraînant un profond bouleversement des mathématiques.

Le grec Zénon d'Élée, qui vécut au Ve siècle avant notre ère, est lui aussi passé maître dans l'art de créer des paradoxes. On lui en attribue près d'une dizaine. L'un de ses plus célèbres est celui d'Achille et de la tortue.

Imaginez une course entre Achille, qui est un remarquable athlète, et une tortue. Pour équilibrer les chances, on accorde à la tortue une certaine avance ; disons par exemple cent mètres. Malgré cette avance, il semble acquis qu'Achille, courant beaucoup plus vite que la tortue, finira tôt ou tard par rattraper cette dernière. Pourtant, Zénon nous affirme le contraire.

Étudions, nous dit-il, la course en plusieurs étapes. Pour pouvoir rattraper la tortue, Achille doit au moins courir les cent mètres qui le séparent de celle-ci. Le temps qu'il franchisse ces cent mètres, la tortue aura elle aussi un peu avancé et il reste donc encore un peu de chemin à parcourir à Achille pour la rattraper. Mais quand il aura parcouru ce chemin, la tortue aura encore un peu avancé. Il lui faut donc encore courir un petit bout de chemin au bout duquel la tortue aura à nouveau un peu avancé.

Bref, à chaque fois qu'Achille atteint le point précédemment occupé par la tortue, celle-ci a un peu avancé et n'est toujours pas rattrapée. Et cela reste vrai quel que soit le nombre d'étapes que l'on considère ! Achille semble donc condamné à se rapprocher de plus en plus de la tortue sans jamais pouvoir la dépasser.

Absurde, n'est-ce pas ? Il suffit de faire l'expérience pour constater que le coureur finira bel et bien par dépasser la tortue. Et pourtant, le raisonnement semble se tenir et il paraît difficile d'y déceler une erreur logique.

Il faudra longtemps aux mathématiciens pour comprendre ce paradoxe qui se joue habilement de l'infini. Si les coureurs vont en ligne droite, leur trajectoire peut être assimilée à ce qu'Euclide appelle un segment. Un segment possède une longueur finie alors même qu'il est composé d'une infinité de points qui tous ont une longueur égale à zéro. Il y a donc, d'une certaine manière, de l'infini dans le fini. Le paradoxe de Zénon découpe l'intervalle de temps que va mettre Achille à rattraper la tortue en une infinité d'intervalles de plus en plus petits. Cette infinité d'étapes tient pourtant bel et bien dans un temps fini et cela n'empêche en rien Achille de rattraper la tortue une fois ce temps écoulé.

La notion d'infini en mathématiques sera sans doute la plus grande source de paradoxes, mais aussi le berceau des théories les plus fascinantes.

Tout au long de l'histoire, les mathématiciens vont entretenir une relation ambiguë avec les paradoxes. D'une part ils représentent leur plus grand danger. Qu'une théorie accouche un jour d'un paradoxe et ce sont tous ses fondements et donc tous les théorèmes que l'on avait cru bâtir sur ses axiomes qui s'effondrent. Mais d'autre part : quels défis ! Les paradoxes sont une source très prolifique et enthousiasmante de remise en question. S'il y a paradoxe, c'est que quelque chose nous a échappé. C'est que nous avons mal compris une notion, mal posé une définition, mal choisi un axiome. C'est que nous prenions pour une évidence une chose qui ne l'était pas tant que ça. Les paradoxes sont une invitation à l'aventure. Une invitation à repenser jusqu'à nos plus intimes évidences. À côté de combien d'idées nouvelles et de théories originales serions-nous passés, si les paradoxes n'avaient pas été là pour nous pousser vers elles ?

Les paradoxes de Zénon inspireront de nouvelles conceptions de l'infini et de la mesure. Le paradoxe du menteur entraînera les logiciens dans une quête toujours plus pointue des notions de vérité et de démontrabilité. Aujourd'hui encore, de nombreux chercheurs décortiquent des mathématiques qui se trouvaient déjà en germe dans les paradoxes des savants grecs.

En 1924, les mathématiciens Stefan Banach et Alfred Tarski mirent au jour un paradoxe qui porte aujourd'hui leur nom et qui remet en question le principe même des puzzles. Aussi évident puisse-t-il paraître, ce principe peut se trouver mis en défaut. Banach et Tarski furent capables de décrire un puzzle en trois dimensions dont le volume n'est pas le même selon la façon dont on emboîte les morceaux ! Nous y reviendrons. Les pièces qu'ils imaginèrent sont cependant si étranges et biscornues qu'elles n'ont rien à voir avec les figures géométriques que maniaient les géomètres grecs. Rassurons-nous, le principe des puzzles reste valable tant que les pièces ont des formes de triangles, de carré ou d'autres figures classiques. La preuve de Liu Hui du théorème de Pythagore tient encore.

Mais que cela nous serve de leçon ! Méfions-nous des évidences et laissons-nous émerveiller et surprendre par les mystères de ce monde mathématique que les savants grecs ont ouvert pour nous.

6

De π en pis

Le 14 mars 2015, je me rends au Palais de la Découverte. Aujourd'hui, c'est jour de fête !

Au début des années 1930, le physicien et prix Nobel français Jean Perrin imagine un projet de centre scientifique destiné à éveiller l'intérêt du grand public pour les avancées de la recherche dans tous les domaines de la science. Le Palais de la Découverte voit le jour en 1937, à deux pas des Champs-Élysées où il investit toute l'aile ouest du Grand Palais sur vingt-cinq mille mètres carrés. Les expositions, qui ne devaient durer que six mois, connaissent un tel succès que, dès 1938, le provisoire se transforme en définitif. Quatre-vingts ans après son ouverture, l'établissement accueille encore chaque année plusieurs centaines de milliers de visiteurs.

En sortant du métro, je remonte l'avenue Franklin-Roosevelt vers l'entrée du Palais. J'arrive sur les marches du perron, et là, un détail attire mon attention : 4, 2, 0, 1, 9, 8, 9. Une étrange procession de chiffres imprimés ondule sur le sol, remonte les escaliers et semble se faufiler jusqu'à l'intérieur du bâtiment. Cela n'est pas habituel ! La dernière fois que je suis passé par là, ces chiffres n'y étaient pas. Je les suis : 1, 3, 0, 0, 1, 9. J'entre dans le Palais. Ils sont toujours là, 1, 7, 1, 2, 2, 6. Ils traversent la rotonde centrale et s'élancent vers le grand escalier, 7, 6, 6, 9, 1, 4. Je monte les marches quatre à quatre, passe devant l'entrée du planétarium et tourne vers la gauche, 5, 0, 2, 4, 4, 5. Les chiffres me mènent tout droit au département de mathématiques. Je les vois s'enrouler, quitter le sol et remonter le long du mur, 5, 1, 8, 7, 0, 7. Enfin, les voilà qui rejoignent leur source. Je suis au cœur d'une large pièce circulaire, les chiffres rouges et noirs ont grandi, ils tourbillonnent en s'élevant toujours plus haut. Enfin, mes yeux captent le début de la série : 3, 1, 4, 1, 5... Je me trouve au cœur de l'un des lieux emblématiques du Palais de la Découverte : la salle π.

Le nombre π est sans aucun doute la plus célèbre et la plus fascinante des constantes mathématiques. La forme circulaire de la salle me rappelle que sa valeur est intimement liée à la géométrie du cercle : il s'agit du nombre par lequel il faut multiplier le diamètre d'un cercle pour trouver son périmètre. La lettre π (se lit « pi ») est d'ailleurs la seizième lettre de l'alphabet grec, équivalent de notre « p » et initiale du mot périmètre. Le nombre π n'est pas très grand, à peine un peu plus que 3, mais son développement décimal, lui, est infini : 3,14159265358979...

Habituellement, ce sont les 704 premières décimales du nombre que les visiteurs peuvent voir s'enrouler sur les parois arrondies de la salle π. Mais aujourd'hui, les chiffres sont de sortie ! Ils envahissent tout le Palais et s'exhibent jusque dans la rue. Il y a maintenant plus de 1 000 décimales. Il faut dire que la date est historique. Le 14 mars 2015 est le jour de π du siècle !

La première édition du « π Day » fut lancée le 14 mars 1988 à l'Exploratorium, cousin américain du Palais de la Découverte situé en plein cœur de San Francisco. Le quatorzième jour du troisième mois, soit 3/14 (dans la notation américaine, le mois précède le jour), était une date tout indiquée pour célébrer π, dont 3,14 est l'approximation habituelle à deux chiffres après la virgule. Depuis, l'initiative a fait des émules et de nombreux passionnés à travers le monde se retrouvent tous les ans pour fêter la constante et à travers elle toutes les mathématiques. La fête prit tant d'ampleur qu'en 2009, le « π Day » fut officiellement reconnu par la Chambre des représentants des États-Unis.

En cette année 2015, les aficionados de π attendaient leur jour avec plus d'impatience encore. Aujourd'hui, nous sommes le 3/14/15, rajoutant deux chiffres à la coïncidence de la date et de la constante. Cette édition doit être grandiose. À cette occasion toute l'équipe de mathématique du Palais de la Découverte est sur le pont. C'est également pour cette raison que je suis là. Avec quelques autres matheux, nous sommes venus prêter main-forte pour une journée riche en expériences mathématiques.

Si le nombre π s'est révélé par la géométrie, il s'est ensuite répandu dans la plupart des branches des mathématiques. C'est un nombre aux multiples visages. En arithmétique, en algèbre, en analyse, en probabilités, rares sont les mathématiciens, quelles que soient leurs disciplines, qui n'ont jamais eu affaire à π. En plein cœur du Palais de la Découverte, la rotonde foisonne d'animations présentant ses multiples facettes. Ici, les visiteurs sont invités à compter des aiguilles jetées aléatoirement sur un parquet, là ils observent la proportion des nombres apparaissant dans les tables de multiplication. Par terre, des enfants couvrent la surface d'un disque avec des planchettes de bois. Un autre groupe est occupé à étudier la trajectoire d'un point fixé sur une roue qui roule sur un plan. Et tous finissent par tomber sur le même résultat : 3,1415…

Un peu plus loin, un programme propose aux visiteurs de chercher les premières occurrences de leur date de naissance dans la suite des décimales. Un jeune homme s'y essaye, il est né le 25 septembre 1994. Le résultat ne tarde pas à tomber, la séquence 25091994 apparaît dans le nombre π à partir de la 12 785 022e décimale. Les mathématiciens ont conjecturé que toutes les séquences de chiffres, aussi longues soient-elles, apparaissent à un moment ou à un autre dans les décimales de π. Les simulations informatiques semblent le confirmer : jusque-là, toutes les séquences qui ont été recherchées ont fini par être trouvées. Pourtant, nul n'a encore su apporter la démonstration incontestable que ce sera toujours le cas.

Voilà qu'une jeune fille d'une douzaine d'années s'approche de moi. Elle semble intriguée par les drôles d'instruments qui nous entourent et me lance un regard interrogateur.

— Tu te demandes ce que c'est que tout ça, non ? Tu as déjà entendu parler du nombre π ?

— Oh oui ! s'exclame-t-elle. C'est 3,14. Enfin non... C'est presque 3,14... On a vu ça au collège. C'est pour calculer le périmètre d'un cercle. On a aussi appris la poésie.

— La poésie ?

Voilà qu'elle plisse les yeux comme pour mieux fouiller dans sa mémoire, puis elle se met à réciter.

Que j'aime à faire apprendre ce nombre utile aux sages
Immortel Archimède, artiste, ingénieur,
Qui de ton jugement peut priser la valeur ?
Pour moi ton problème eut de pareils avantages.

Je souris en écoutant cette comptine que j'avais apprise aussi quand j'avais son âge. Je l'avais oubliée. Son mécanisme est particulièrement ingénieux : pour reconstituer le nombre π, il suffit de compter le nombre de lettres de chaque mot. « Que » = 3 ; « j » = 1 ; « aime » = 4 ; et ainsi de suite. Le poème connaît de nombreuses variantes dans différentes langues. Une des versions les plus célèbres, en anglais, est une adaptation d'un poème d'Edgar Poe et permet de retrouver 740 décimales[1] !

---

1. Le poème *The Raven*, écrit par Edgar Poe en 1845, a été adapté en 1995 par Michael Keith sous le titre *Near a*

— Bravo ! la félicitai-je. Je crois que je ne m'en serais pas souvenu aussi bien. Mais dis-moi, tu viens de parler d'Archimède là, dans ton poème ? Tu sais qui c'est ?

Là, je lui ai posé une colle. Elle me fait une moue tout en haussant les épaules. Un voyage de rattrapage s'impose. Je déploie un grand cercle articulé qui se découpe en une multitude de triangles emboîtés. Nous nous envolons pour la Sicile. Il y a deux mille trois cents ans, dans l'antique cité de Syracuse. C'est là qu'Archimède nous attend.

Les cigales chantent sous un soleil de plomb. Les rues sont remplies des parfums en provenance des quatre coins de la Méditerranée. Olives, poissons ou raisins se côtoient sur les étals des marchands. Au nord de la ville, la silhouette imposante de l'Etna se découpe à l'horizon. À l'ouest, les plaines fertiles assurent la prospérité de la colonie tandis qu'à l'est, le double port s'ouvre sur la mer. Syracuse a forgé sa renommée et sa puissance en s'imposant comme l'un des carrefours maritimes les plus importants de la région. Fondée cinq siècles plus tôt par des colons grecs de Corinthe, la cité est l'une des plus florissantes du pourtour méditerranéen.

C'est là que naît en – 287 un homme dont le génie et l'inventivité vont inaugurer un nouveau style de mathématiques. Archimède est de la

---

Raven pour coller à la constante mathématique. Il commence ainsi : *Poe E. // Near a Raven. // Midnights so dreary, tired and weary. Silently pondering volumes extolling all by-now obsolete lore.*

trempe des grands inventeurs, des résolveurs de problèmes, de ceux capables d'idées résolument nouvelles et révolutionnaires. On lui doit le principe du levier ainsi que celui de la vis. C'est lui qui, selon la légende, lança son fameux « Eurêka ! » alors qu'il était au bain ; dans son esprit venait de surgir le principe physique qui porte aujourd'hui son nom : tout corps plongé dans un liquide subit une poussée vers le haut d'une intensité égale au poids du liquide déplacé. C'est ainsi que les objets plus légers que l'eau flottent, tandis que ceux qui sont plus lourds coulent. On raconte également qu'un jour où Syracuse était assiégée par la flotte romaine, Archimède inventa un système de miroirs permettant de concentrer les rayons du soleil pour incendier les navires ennemis qui se rapprochaient.

En mathématiques, c'est à Archimède que l'on doit les premières grandes avancées sur la piste du nombre π. D'autres avant lui s'étaient intéressés au cercle, mais leurs approches manquaient souvent de rigueur. Souvenez-vous des Neuf Chapitres chinois : on y croisait des champs circulaires de 10 bu de diamètre pour une circonférence de 30 bu. De telles données reviennent à affirmer que le nombre π est égal à 3. Dans le papyrus d'Ahmès, la résolution approximative de la quadrature du cercle équivaut à considérer une valeur de π valant environ 3,16.

Archimède, lui, comprend qu'il est difficile, voire impossible, de calculer une valeur exacte de π. Lui aussi va donc devoir se contenter d'approximations, mais sa démarche se distingue par deux points. Premièrement, là où ses prédécesseurs pensaient peut-être avoir une méthode exacte, le savant sicilien a parfaitement conscience de n'avoir que des valeurs approchées. Deuxièmement, il va estimer la différence entre ses approximations et la véritable valeur de π, puis développer des méthodes permettant de réduire de plus en plus cet écart.

À force de calculs, il finit par conclure que la valeur qu'il cherche est comprise entre deux nombres qui, écrits dans notre système décimal actuel, valent environ 3,1408 et 3,1428. En bref, Archimède connaît désormais le nombre π à 0,03 % près.

La méthode d'Archimède

Pour calculer son encadrement de π, Archimède a approximé le cercle par des polygones réguliers. Prenons par exemple un cercle dont le diamètre mesure une unité et dont le périmètre mesure donc π unités, puis encadrons-le dans un carré.

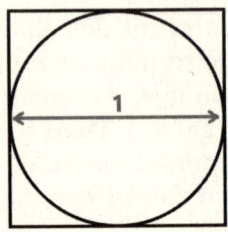

Le carré a un côté égal à 1 (comme le diamètre du cercle) et donc un périmètre égal à 4. Comme le périmètre du cercle est plus petit que celui du carré, on en déduit que π est plus petit que 4.

Si au contraire vous inscrivez un hexagone dans le cercle, comme ceci :

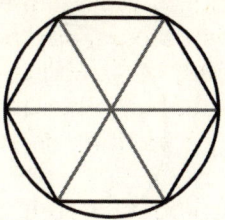

L'hexagone est composé de six triangles équilatéraux dont les côtés mesurent 0,5 unité (la moitié du diamètre du cercle). Le périmètre de l'hexagone mesure donc 6×0,5 = 3. On en conclut que π est plus grand que 3 !

Bon, jusque-là, rien de palpitant, l'encadrement entre 3 et 4 reste très imprécis. Pour resserrer la fenêtre, il convient maintenant d'augmenter le nombre de côtés des polygones. Si on divise chaque côté de l'hexagone en deux, on obtient maintenant une figure à 12 côtés qui se rapproche beaucoup plus du cercle.

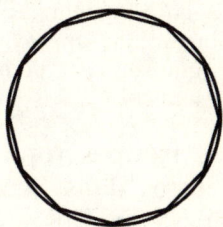

Quelques calculs géométriques fastidieux plus tard (principalement à base de théorème de Pythagore), on arrive à la conclusion que le périmètre du dodécagone mesure environ 3,11. Le nombre π est donc plus grand que cette valeur.

Pour obtenir son encadrement à 0,001 près, Archimède a simplement répété cette opération trois fois de plus. En divisant chacun des côtés en deux, on en obtient 24, puis 48 pour enfin arriver à un polygone à 96 côtés !

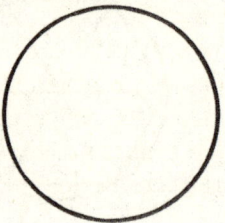

Vous ne voyez pas le polygone ? C'est normal, les côtés collent maintenant si bien au cercle qu'il en devient presque impossible de les distinguer à l'œil nu. Voilà comment Archimède en arriva à la conclusion que π est plus grand que 3,1408. Et en recommençant ce processus avec des polygones extérieurs au cercle, il obtint que π est plus petit que 3,1428.

Ce qui fait la puissance de la méthode d'Archimède, c'est non seulement son résultat, mais également le fait qu'elle peut se prolonger. Il suffirait de continuer à subdiviser nos polygones pour affiner encore et encore notre encadrement. En théorie, il est donc possible d'obtenir une approximation du nombre π aussi précise que l'on veut, pourvu d'avoir le courage d'affronter les calculs.

En – 212, les troupes romaines parviennent finalement à entrer dans Syracuse. Le général Marcus Claudius Marcellus qui a mené le siège de la ville ordonne à ses soldats d'épargner Archimède, alors âgé de 75 ans. Cependant, tandis que sa ville est en train de tomber, le savant grec se trouve absorbé dans l'étude d'un problème de géométrie et ne se rend compte de rien. Quand un soldat romain vient à passer à côté de lui, Archimède qui a tracé ses figures à même le sol lui lance distraitement : « Ne dérange pas mes cercles ! » Le soldat se vexe et lui plante son épée dans le corps.

Le général Marcellus lui fit un tombeau sublime surmonté d'une sphère inscrite dans un cylindre, illustrant l'un de ses plus remarquables théorèmes. Jamais au cours des sept siècles qui suivront, l'Empire romain n'engendrera un mathématicien de la trempe d'Archimède.

L'Antiquité va s'achever mollement en matière de mathématiques. L'Empire romain s'étend bientôt sur tout le contour méditerranéen et l'identité grecque va se diluer dans cette nouvelle culture. Une ville, pourtant, va continuer de faire vivre pour quelques siècles encore l'esprit des mathématiciens grecs : Alexandrie.

Au cours de ses conquêtes, Alexandre le Grand s'est emparé de l'Égypte à la fin de l'année – 332. Il n'y restera que quelques mois, le temps de s'y faire proclamer Pharaon à Memphis et de décider la fondation d'une ville nouvelle sur la côte méditerranéenne. Alexandre ne verra jamais la ville à laquelle il donna son nom. Quand il meurt huit ans plus tard à Babylone, son royaume est partagé entre ses différents généraux et l'Égypte revient à Ptolémée Ier qui va faire d'Alexandrie sa capitale. Sous son règne, la ville d'Alexandre va devenir une des cités les plus florissantes du bassin méditerranéen.

Ptolémée poursuit les grands travaux initiés par Alexandre. À la pointe de l'île du Pharos, qui fait face à la ville, il lance la construction d'un phare monumental. Il ne faudra pas longtemps aux auteurs grecs pour reconnaître dans le phare d'Alexandrie un monument absolument exceptionnel et en faire le septième et dernier membre de la liste très fermée des Merveilles du monde.

Arrêtons-nous quelques instants pour profiter du panorama hors norme qui s'offre aux yeux du voyageur qui a eu le courage de monter les centaines de marches de l'escalier en colimaçon qui mène à son sommet. Regardez au nord. La mer Méditerranée s'étend à perte de vue. D'ici, vous pouvez voir les navires de commerce arriver à plus de cinquante kilomètres. En voilà un qui passe devant vous et pénètre dans le port, le ventre chargé de marchandises. Peut-être arrive-t-il d'Athènes, de Syracuse ou même de Massalia, cette cité dynamique du Sud des Gaules que nous appellerons un jour Marseille. Si vous tournez maintenant votre regard vers le sud, c'est le Delta du Nil qui s'offre à vous. À cinq kilomètres de là, vous apercevez une étendue d'eau salée qui traverse le delta : c'est le lac Maréotis. Entre le lac et la mer, sur cette large bande de terre, la ville d'Alexandrie étale ses splendeurs. C'est une ville neuve et moderne. Ici ou là, vous pouvez encore voir quelques chantiers en cours.

Sur l'île du Pharos, le phare n'est pas seul, le temple d'Isis s'y trouve également. Pour s'y rendre, les Alexandrins doivent emprunter l'heptastade, une digue de 1 300 mètres de long qui sépare le port en deux bassins indépendants. Du haut du phare, vous pouvez apercevoir les minuscules silhouettes des passants qui s'y promènent. Ceux qui reviennent vers le continent arrivent dans le quartier royal. Là se trouvent les palais de Ptolémée, le théâtre ou encore le temple de Poséidon. Un peu plus à l'ouest, un bâtiment prestigieux attire tout particulièrement votre attention. Il s'agit du Mouseîon. C'est là que nous nous rendons à présent.

Avec ce grand musée, destiné à préserver l'héritage de la culture grecque, Ptolémée veut faire d'Alexandrie un grand centre culturel capable de rivaliser avec Athènes. Alors il y met les moyens ! Les savants qui séjournent au Mouseîon sont chouchoutés. Ils sont logés, nourris et payés pour mener leurs travaux. Le roi met également à leur disposition une bibliothèque gigantesque. La légendaire bibliothèque d'Alexandrie ! Peut-être plus encore que les grands scientifiques qui y ont travaillé, cette bibliothèque va faire la renommée et le prestige du Mouseîon.

Pour la remplir, la stratégie de Ptolémée est simple : tous les navires qui font escale à Alexandrie doivent remettre les livres qu'ils transportent. Les livres étaient alors copiés et la copie rendue au navire. L'original, quant à lui, filait tout droit dans les collections de la bibliothèque. Plus tard, Ptolémée II, fils et successeur du premier, lança un appel à tous les rois du monde pour qu'ils lui envoient des exemplaires des plus fameuses œuvres de leur région. À son ouverture, la bibliothèque d'Alexandrie comptait déjà près de 400 000 volumes ! Il y en aura par la suite jusqu'à 700 000.

Le plan de Ptolémée va fonctionner à merveille et pendant plus de sept siècles, les savants se succéderont à Alexandrie où le milieu intellectuel va préserver la vitalité qui fera défaut dans le reste du monde méditerranéen.

Parmi les plus célèbres résidents du Mouseîon, on compte Ératosthène de Cyrène, qui fut, souvenez-vous, le premier à mesurer précisément la circonférence de la Terre. C'est également là qu'Euclide aurait rédigé la majeure partie de ses *Éléments*. Un dénommé Diophante y écrivit un fameux ouvrage sur les équations auxquelles on donne désormais son nom. Au IIe siècle de notre ère, c'est encore à Alexandrie que Claudius Ptolémée (qui n'a rien à voir avec le premier) rédigea l'*Almageste*, un ouvrage rassemblant bon nombre des connaissances en astronomie et mathématiques de son époque. L'*Almageste*, bien que Ptolémée y fasse tourner le Soleil autour de la Terre, restera une référence jusqu'à ce que Copernic vienne y mettre son grain de sel au XVIe siècle.

Alexandrie ne compte pas que des savants qui écrivent ou produisent de nouvelles connaissances. Tout un écosystème de copistes, de traducteurs, de commentateurs d'œuvres et d'éditeurs s'est formé autour du Mouseîon. La ville foisonne de tout ce monde.

Hélas, au IVe siècle, les temps se troublent. Le 16 juin 391, l'empereur Théodose Ier, voulant accélérer la conversion de l'Empire à la religion chrétienne, publie un édit interdisant tous les cultes païens. Le Mouseîon, quoique n'étant pas vraiment un temple, est concerné par la décision de l'empereur et fermé dans la foulée.

À cette époque, l'une des figures du milieu intellectuel d'Alexandrie se nomme Hypatie. Son père, Théon, est directeur du Mouseîon au moment où ce dernier est fermé. Cela n'empêche toutefois pas les savants de la ville de continuer leurs travaux encore quelque temps. Socrate le Scolastique écrira plus tard qu'un nombre presque infini de personnes accourait en foule pour entendre parler Hypatie qui surpassait par sa science tous les hommes de son temps. Hypatie est à la fois mathématicienne et philosophe. Elle est également la première femme de notre histoire.

Première ? Pas tout à fait. D'autres femmes ont fait des mathématiques avant Hypatie, sans que leurs œuvres ou leur biographie nous soient parvenus. Les femmes étaient notamment admises dans l'école de Pythagore. Les noms de plusieurs d'entre elles, comme Théano, Autocharidas ou Habrotéléia nous sont connus, mais il faut bien le dire : nous ne savons quasiment rien d'elles.

Aucun texte écrit par Hypatie ne nous est parvenu, mais plusieurs sources mentionnent ses travaux. Elle s'intéressa principalement à l'arithmétique, à la géométrie et à l'astronomie. Elle prolongea notamment les travaux menés quelques siècles plus tôt par Diophante et Ptolémée. Hypatie est également une inventrice prolifique. On lui doit l'invention de l'hydromètre, qui permet de mesurer la densité d'un fluide en tirant habilement profit du principe d'Archimède, ainsi que d'un nouveau modèle d'astrolabe facilitant les mesures astronomiques.

Malheureusement, son histoire va tourner court. En 415, elle s'attire les foudres des chrétiens de la ville qui la pourchassent et finissent par l'assassiner. Son corps est haché en pièces, puis brûlé.

Après la fermeture du Mouseîon et la mort d'Hypatie, la flamme scientifique d'Alexandrie va rapidement s'éteindre. Les collections de la bibliothèque ne furent guère épargnées. Incendies, saccages, raz-de-marée et tremblements de terre vont secouer la ville et bien qu'on ne sache pas précisément quand et comment a disparu la bibliothèque d'Alexandrie, le constat est là : au VIIe siècle, plus rien n'en restait.

Une époque s'achève. Pourtant, l'Histoire a bien des voies détournées et les mathématiques grecques allaient bientôt trouver d'autres chemins pour parvenir jusqu'à nous.

7

Rien et moins que rien

Du haut de ses 6 714 mètres d'altitude, le mont Kailash, au Tibet, fait partie du cercle fermé des sommets à n'avoir jamais été gravi par des *Homo sapiens*. Sa silhouette arrondie, striée de neige sur le gris du granite, se détache massivement au-dessus du paysage découpé de l'Ouest himalayen. Pour les habitants de la région, qu'ils soient hindous ou bouddhistes, la montagne est sacrée et porte son lot de mythes ancestraux et d'histoires merveilleuses. On raconte même qu'il s'agit du légendaire mont Meru dont les mythologies locales prétendent qu'il marque le centre de l'Univers.

Ici se cache la source de l'une des sept rivières sacrées de la région : l'Indus.

Au sortir des pentes du mont Kailash, l'Indus prend la direction de l'est, se zigzague rapidement un chemin à travers les montagnes du Cachemire puis commence à redescendre lentement vers le sud. Il y traverse les plaines du Pendjab et du Sind de l'actuel Pakistan, avant de venir se jeter en delta dans la mer d'Arabie. La vallée de l'Indus est fertile. Dans l'Antiquité, la région est couverte de forêts généreuses et bruissantes. Les éléphants d'Asie y côtoient les rhinocéros, les tigres du Bengale, les singes en pagaille et les serpents que tenteront bientôt de charmer les psylles avec leurs flûtes. Au détour d'un sentier, on s'attendrait presque à croiser Mowgli, le petit d'homme sorti du *Livre de la jungle*, dont les aventures occupent ces décors. C'est ici que va naître une civilisation originale et discrète dont les mathématiques devaient jouer un rôle déterminant au début du Moyen Âge.

Dès le IIIe millénaire avant notre ère, quelques villes importantes, telles que Mohenjo-Daro ou Harappa, voient le jour autour du fleuve. De loin, ces cités bâties de briques d'argile ressemblent un peu à leurs contemporaines de Mésopotamie. Au IIe millénaire commence l'époque védique. La région est morcelée en une multitude de petits royaumes qui se multiplient vers l'est jusqu'aux rives du Gange. L'hindouisme naît, se développe et les premiers grands textes en sanskrits sont rédigés. Au IVe siècle avant notre ère, Alexandre le Grand atteint les rives de l'Indus et y fonde deux villes qui prendront le nom d'Alexandrie, sans pour autant connaître la destinée prestigieuse de leur sœur égyptienne. Une partie de la culture grecque s'intègre en Inde. Puis vient le temps des grands empires. Les Maurya règnent sur la quasi-totalité du sous-continent indien pendant un peu plus d'un siècle. Après eux, une ribambelle de dynasties vont se succéder et coexister plus ou moins pacifiquement jusqu'à la conquête musulmane du VIIIe siècle.

Au fil de ces siècles, les Indiens font des mathématiques dont, hélas, nous ne savons pas grand-chose. La raison de cette ignorance est simple : leurs savants ont développé, dès les débuts de l'époque védique, un idéal de transmission orale des connaissances qui bannit, en principe, leur mise par écrit. Les savoirs doivent être appris de vive voix, de génération en génération, de maître en élève. Les textes sont appris par cœur, sous forme de poèmes ou accompagnés d'astuces mnémotechniques, puis récités et répétés autant de fois que nécessaire jusqu'à être parfaitement maîtrisés. On trouve bien, ici ou là, quelques exceptions à la règle, des fragments écrits qui nous sont parvenus, mais la récolte est bien maigre.

Et pourtant, ils en font des maths ! Comment expliquer sinon la richesse des concepts qu'ils vont nous révéler lorsque aux alentours du Ve siècle, ils se décident enfin à coucher par écrit les savoirs accumulés oralement depuis des siècles ? L'Inde va dès lors connaître un âge d'or scientifique qui va bientôt se diffuser dans le monde entier.

Les savants indiens se mettent à écrire de longs traités reprenant les connaissances ancestrales qu'ils complètent de leurs propres découvertes. Parmi les plus fameux d'entre eux, on compte Aryabhata qui s'intéressa à l'astronomie et calcula de très bonnes approximations du nombre π, Varahamihira qui produisit de nouvelles avancées en trigonométrie ou encore Bhāskara qui fut le premier à écrire le zéro sous la forme d'un cercle et à utiliser scientifiquement le système décimal dont nous nous servons encore de nos jours. Eh oui, nos dix chiffres, 0, 1, 2, 3, 4, 5, 6, 7, 8 et 9, que nous nommons habituellement chiffres arabes, sont en réalité indiens !

Pourtant, si de tous les savants indiens de cette époque il ne fallait en retenir qu'un, c'est sans doute sur Brahmagupta que l'Histoire porterait son choix. Brahmagupta a vécu au VIIe siècle et fut directeur de l'observatoire d'Ujjain. À cette époque, la ville d'Ujjain, située sur la rive droite de la Shipra dans le centre de l'Inde actuelle, est l'un des plus grands centres scientifiques du pays. Son observatoire astronomique a fait sa réputation et la ville était déjà connue de Claudius Ptolémée à la grande époque d'Alexandrie.

En 628, Brahmagupta publie son œuvre majeure : le *Brāāhmasphuṭasiddhānta*. Dans ce texte se trouve la première description complète du zéro et des nombres négatifs accompagnée de leurs propriétés arithmétiques.

De nos jours, le zéro et les nombres négatifs sont devenus si omniprésents dans notre vie quotidienne – pour mesurer la température, l'altitude par rapport au niveau de la mer ou encore le solde de notre compte en banque – que nous finissons presque par en oublier à quel point ce sont des idées géniales ! Leur invention fut un exercice d'acrobatie cérébrale peu commun que les savants indiens furent les premiers à exécuter à la perfection. Comprendre ce processus, dans tout ce qu'il a de subtil et puissant à la fois, est un délice intellectuel sur lequel il faut nous attarder un peu si nous voulons pénétrer plus profondément les chamboulements que vont connaître les mathématiques dans les siècles qui suivront.

Une des questions que l'on me pose le plus souvent lorsque j'évoque en public mon goût pour les mathématiques est celle de son origine. Comment vous est venu ce penchant pour le moins bizarre ? me demande-t-on parfois. Est-ce un professeur en particulier qui vous a transmis sa passion ? Aimiez-vous déjà les maths quand vous étiez enfant ? Le déclenchement d'une telle vocation ne laisse pas d'éveiller la curiosité des gens qui étaient jusque-là restés hermétiques à cette discipline.

Pour être honnête je dois avouer que je n'en sais rien. Aussi loin que je me souvienne, j'ai toujours aimé les mathématiques sans que je puisse identifier un événement particulier de ma vie qui m'aurait entraîné sur cette voie. Pourtant, lorsque je fouille plus attentivement dans ma mémoire, certains souvenirs me reviennent de l'état de jubilation intellectuelle dans lequel pouvait me plonger l'apparition soudaine d'idées nouvelles dans mon esprit. Ce fut le cas notamment lors de la découverte d'une propriété étonnante de la multiplication.

Je devais avoir 9 ou 10 ans lorsque, en pianotant un peu au hasard sur ma calculatrice d'écolier, je tombais sur un étrange résultat : $10 \times 0{,}5 = 5$. Multipliez le nombre 10 par 0,5, vous obtenez 5, voilà ce qu'osait prétendre ma calculatrice en laquelle j'avais alors une confiance aussi aveugle que déraisonnable. Comment, en multipliant un nombre, peut-on en obtenir un autre qui lui est plus petit ? Une multiplication n'est-elle pas censée augmenter la quantité à laquelle elle s'applique ? Cela n'allait-il pas à l'encontre du sens même du mot « multiplier » ? Ma chère calculatrice n'aurait-elle pas mieux fait de m'afficher un nombre supérieur à 10 ?

Il me fallut du temps, plusieurs semaines à y repenser régulièrement, avant de parvenir à mettre mes idées au clair. Le déclic final vint le jour où je pensais à représenter la multiplication de façon géométrique, marchant sans le savoir dans les pas des penseurs antiques. Prenez un rectangle dont la longueur mesure 10 unités et la largeur 0,5. Sa surface est bien celle de 5 petits carrés de côté 1.

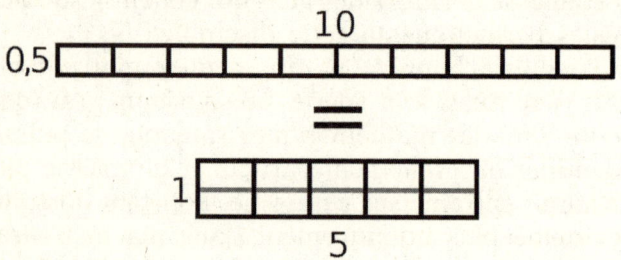

En d'autres termes, multiplier par 0,5 revient à diviser par 2. Et le même principe s'applique à bien d'autres nombres. Multiplier par 0,25 c'est diviser par 4 ; multiplier par 0,1 c'est diviser par 10 et ainsi de suite.

L'explication est convaincante, mais sa conclusion n'en garde pas moins un côté déconcertant : le mot « multiplication » ne signifie pas exactement la même chose, qu'on l'applique en mathématique ou dans le langage courant. Qui, dans la vie de tous les jours, irait prétendre avoir multiplié la surface de son jardin après en avoir vendu la moitié ? Qui affirmerait que sa fortune s'est multipliée après avoir perdu 50 % de celle-ci ? À ce compte, la multiplication des pains devient un miracle à la portée de tout un chacun : mangez-en la moitié et le tour est joué.

Lorsque vous les découvrez pour la première fois, ces réflexions vous chatouillent le cerveau. Elles ont quelque chose de délicieusement dérangeant et sonnent dans notre esprit comme un jeu de mots particulièrement bien trouvé. C'est en tout cas l'effet que produisirent, sur l'enfant que j'étais, ces curieuses découvertes. Cette étrangeté m'apparut d'autant plus clairement lorsque, bien des années plus tard, lisant un texte du mathématicien Henri Poincaré, « Science et Méthode », paru en 1908, j'y trouvais la phrase suivante : « La mathématique est l'art de donner le même nom à des choses différentes. »

Pour être honnête, il faut reconnaître que cette phrase peut sans doute s'appliquer à n'importe quel langage. Le mot « fruit » désigne des choses aussi différentes que des pommes, des cerises ou des tomates. Chacun de ces mots regroupe à son tour une multitude de variétés différentes qui elles-mêmes feront apparaître de plus subtiles catégories, pour peu qu'on se livre à une analyse botanique suffisamment fine. Pourtant, Poincaré souligne avec raison qu'aucun autre langage que celui des mathématiques ne va aussi loin dans ce processus de regroupement. Les mathématiques permettent des rapprochements qu'aucune langue n'autorise. Pour des mathématiciens, la multiplication et la division ne sont qu'une seule et même opération. Multiplier par un nombre revient à diviser par un autre. Tout dépend du point de vue que l'on adopte.

Les inventions du zéro et des nombres négatifs procèdent du même état d'esprit. Pour les créer, il faut oser penser contre sa propre langue. Il faut regrouper au sein d'une même idée des concepts que le langage traite de façons radicalement différentes. Les savants indiens furent les premiers à s'engager clairement sur cette voie.

Si je vous dis que j'ai déjà marché un certain nombre de fois sur la planète Mars ou que j'ai rencontré un certain nombre de fois Brahmagupta en personne, me croirez-vous ? Probablement pas. Et vous auriez bien raison car, dans notre langue, ces phrases signifient que j'ai effectivement déjà marché sur Mars et rencontré Brahmagupta. Et pourtant, en mathématiques, il suffit d'imaginer que ces nombres valent zéro pour comprendre que je n'ai pas menti. La langue utilise des structures différentes, selon qu'une chose est ou n'est pas : affirmation : « J'ai marché sur Mars » ; négation : « Je n'ai pas marché sur Mars. » Les mathématiques, elles, vont gommer ces différences pour les regrouper en une seule et même formule. « J'ai marché un certain nombre de fois sur Mars. » Ce nombre peut être zéro.

Alors que quelques siècles auparavant, les Grecs avaient déjà du mal à accepter le 1 comme un nombre, imaginez la révolution que représente l'attribution du nom de « nombre » à une absence. Avant les Indiens, quelques peuples avaient bien amorcé cette pensée, mais aucun n'avait su la mener à bout. Les Mésopotamiens, à partir du IIIe siècle avant notre ère, avaient été les premiers à inventer un chiffre 0. Auparavant, leur système de numération écrivait de la même manière des nombres comme 25 et 250. Grâce au chiffre 0, désignant une place vide, plus de confusion possible. Pourtant, jamais les Babyloniens ne donnèrent à ce 0 le statut de nombre, pouvant être écrit seul pour désigner une absence complète d'objets.

À l'autre bout du monde, les Mayas avaient également inventé un zéro. Ils en inventèrent même deux ! Le premier, comme celui des Babyloniens, avait simple usage de chiffre pour marquer un emplacement vide dans leur système positionnel en base vingt. Le second, en revanche, peut bel et bien être considéré comme un nombre, mais n'était utilisé que dans le contexte de leur calendrier. Chaque mois du calendrier maya comptait vingt jours, numérotés de 0 à 19. Ce zéro est utilisé seul, cependant, son usage n'est pas mathématique. Les Mayas ne s'en servirent jamais pour effectuer des opérations arithmétiques.

Bref, Brahmagupta est bel et bien le premier à avoir décrit complètement le zéro en tant que nombre accompagné d'une description de ses propriétés : en retranchant un nombre quelconque à lui-même, on obtient zéro ; en additionnant ou soustrayant zéro à un nombre, ce nombre reste inchangé. Ces propriétés arithmétiques nous semblent évidentes, mais le fait qu'elles soient aussi clairement énoncées par Brahmagupta nous démontre que le zéro est définitivement intégré comme un nombre au statut semblable à tous les autres.

Le zéro ouvre la porte aux nombres négatifs. Pourtant, il faudra plus longtemps aux mathématiciens pour les adopter définitivement.

Les savants chinois furent les premiers à décrire des quantités pouvant s'apparenter à des nombres négatifs. Dans ses commentaires aux Neuf Chapitres, Liu Hui décrit un système de baguettes colorées permettant de représenter des quantités positives ou négatives. Une baguette rouge matérialise un nombre positif, une baguette noir un négatif. Liu Hui y explique en détail comment ces deux espèces de nombres interagissent l'une avec l'autre, et notamment comment elles s'additionnent ou se soustraient.

Cette description est déjà très complète, il lui reste cependant un pas à franchir : celui de considérer les positifs et les négatifs, non pas comme deux groupes distincts pouvant interagir, mais bien comme un seul et même ensemble. Alors certes, les nombres positifs et négatifs n'ont pas toujours les mêmes propriétés quand il s'agit de faire des calculs, mais ils ont avant tout de nombreux points communs qui permettent de les rapprocher. La situation peut être comparée à celle des nombres pairs et des nombres impairs qui forment deux clans distincts avec des propriétés arithmétiques différentes, mais qui appartiennent néanmoins à la même grande famille des nombres.

Cette réunification, ce sont, comme pour le zéro, les savants indiens qui vont être les premiers à l'opérer. Et c'est toujours Brahmagupta qui en donnera l'étude complète dans le *Brāhmasphuṭasiddhānta*. Sur les traces de Liu Hui, il établit une liste complète des règles auxquelles sont soumises les opérations avec ces nouveaux nombres. Il nous apprend entre autres que la somme de deux nombres négatifs est négative, par exemple $(-3)+(-5) = -8$, que le produit d'un nombre positif et d'un nombre négatif est négatif,

(– 3)×8 = – 24, ou encore que le produit de deux nombres négatifs est positif, (– 3)×(– 8) = 24. Ce dernier point peut sembler contre-intuitif et sera l'un des plus difficiles à faire accepter. Aujourd'hui encore, c'est un piège bien connu dont se méfient les écoliers du monde entier.

Pourquoi moins par moins égale plus ?

Dans les siècles qui suivront leur énoncé par Brahmagupta, les règles de multiplication des signes, et en particulier le « moins × moins = plus » ne vont pas laisser de provoquer défiance et interrogations.
Ces questionnements dépassèrent largement le monde des mathématiciens et suscitèrent beaucoup d'incompréhension dès lors qu'ils vinrent à être enseignés dans les écoles. Au XIXe siècle, l'écrivain français Stendhal lui-même exprima son incompréhension dans son roman autobiographique *Vie de Henry Brulard*. L'auteur du *Rouge et le Noir* et de *La Chartreuse de Parme* y écrivit les lignes suivantes :

« Suivant moi, l'hypocrisie était impossible en mathématiques et, dans ma simplicité juvénile, je pensais qu'il en était ainsi dans toutes les sciences où j'avais entendu dire qu'elles s'appliquaient. Que devins-je quand je m'aperçus que personne ne pouvait m'expliquer comment il se faisait que : moins par moins donne plus (– × – = +) ? (C'est une des bases fondamentales de la science qu'on appelle l'algèbre.)
On faisait bien pis que ne pas m'expliquer cette difficulté (qui sans doute est explicable car elle conduit à la vérité), on me l'expliquait par des raisons évidemment peu claires pour ceux qui me les présentaient. [...] J'en fus réduit à ce que je me dis encore aujourd'hui : il faut bien que – par – donne + soit vrai, puisque évidemment, en employant à chaque instant cette règle dans le calcul, on arrive à des résultats vrais et indubitables. »

La règle de multiplication des signes, certes assez étrange au premier abord, prend pourtant tout son sens si l'on repense au système de baguettes imaginé par les savants chinois. Utilisons par exemple ce système pour représenter des gains ou des pertes monétaires. Imaginons qu'une baguette noire représente 5 € tandis qu'une baguette grise représente une dette de 5 €, c'est-à-dire – 5 €. Ainsi, si vous possédez 10 baguettes noires et 5 baguettes grises, votre solde s'élève à 25 €.

10×5€ = 50€   5×(-5€) = -25€

Étudions maintenant les différents cas de figure qui peuvent se présenter quand votre compte varie. Imaginez qu'on vous donne 4 baguettes noires supplémentaires, votre solde augmente alors de 20 €. Autrement dit : 4×5 = 20. Le produit de deux nombres positifs est bien positif, jusque-là tout va bien.

Si maintenant, on vous donne 4 baguettes grises, c'est-à-dire quatre dettes, votre solde diminue de 20 €. Autrement dit : 4×(–5) = – 20. Un positif multiplié par un négatif donne un négatif. Et de la même manière, si on vous prend 4 baguettes noires, vous perdez également 20 €. Ce qui revient à dire que (– 4)×5 = – 20. Ces deux dernières situations montrent bien que donner des dettes à quelqu'un a le même effet que de lui prendre de l'argent. Ajouter du négatif revient à soustraire du positif.

Nous voilà maintenant au point crucial : que devient votre solde si l'on venait à vous prendre 4 baguettes grises. En d'autres termes, que se passe-t-il si on vous enlève des dettes ? La réponse est claire : votre solde augmente, vous gagnez de l'argent. Ce qui revient bien à dire que (–4)×(– 5) = 20. Enlever du négatif revient à ajouter du positif ! Moins par moins égale plus.

L'arrivée des nombres négatifs va également bouleverser le sens de l'addition et de la soustraction. Le problème est tout à fait similaire à celui de la multiplication par 0,5 qui est une division par 2. Puisque additionner un nombre négatif revient à soustraire un nombre positif, ces deux opérations perdent le sens qu'elles ont dans le langage courant. Additionner est usuellement synonyme d'augmenter. Pourtant, si j'additionne le nombre – 3, cela revient à retrancher 3 : par exemple, 20 + (– 3) = 17. Et si de même je soustrais (– 3), cela revient à ajouter 3 : 20 – (– 3) = 23. Une fois encore, nous sommes en train de donner le même nom à des choses différentes. Grâce aux nombres négatifs, l'addition et la soustraction deviennent les deux visages d'une seule et même opération.

Cette confusion des mots et les semblants de paradoxes, tels que le « moins × moins = plus », vont freiner considérablement l'adoption des nombres négatifs. Bien longtemps après Brahmagupta, de nombreux savants continueront de faire la fine bouche face à ces nombres terriblement pratiques, mais si difficiles à saisir. Certains les appelleront les « nombres absurdes » et ne se résigneront à les utiliser dans leurs calculs intermédiaires qu'à la condition qu'ils n'apparaissent plus dans le résultat final. Il faudra attendre le XIXe siècle, voire le XXe, pour que leur légitimité soit pleinement acceptée et leur usage définitivement adopté.

En 711, deux mille cavaliers et chameliers venus de l'Ouest déboulent dans la vallée de l'Indus. Ces troupes sont celles de Muhammad ibn-Qasim, jeune commandant arabe âgé d'à peine 20 ans. Mieux équipés et préparés, ses soldats vont défaire l'armée de cinquante mille hommes du râja Dahir et s'emparer de la région du Sind et du delta du fleuve. Pour les populations locales, l'événement est tragique, des milliers de soldats sont décapités et la région est abondamment pillée.

Pourtant, l'arrivée du tout jeune Empire arabo-musulman aux portes de l'Inde va être une chance pour la diffusion des mathématiques indiennes. Les savants arabes vont très rapidement intégrer leurs découvertes à leurs travaux et leur donner une résonance mondiale dont l'écho murmure encore sur les mathématiques du XXIe siècle.

8

La force des triangles

En 762, nous voilà de retour en Mésopotamie, là où tout a commencé. Alors que Babylone n'est déjà plus qu'un champ de ruines, des travaux faramineux s'engagent à une centaine de kilomètres plus au nord. C'est ici, sur la rive droite du Tigre, que le calife abbasside Al-Mansûr a décidé de bâtir sa nouvelle capitale.

L'Empire arabo-musulman vient alors de connaître un siècle d'expansion fulgurante. Cent trente ans plus tôt, en 632, alors que Brahmagupta âgé de 34 ans venait de terminer la rédaction du *Brāhmasphuṭasiddhānta*, Mahomet mourait à Médine. Après lui, les califes qui se succèdent vont enchaîner les conquêtes et propager l'islam du sud de l'Espagne aux rives de l'Indus en passant par l'Afrique du Nord, la Perse et la Mésopotamie.

Al-Mansûr règne sur un califat de plus de dix millions de kilomètres carrés. Transposé de nos jours, ce territoire serait le deuxième plus grand pays du monde derrière la Russie, mais devant le Canada, les États-Unis ou la Chine. Al-Mansûr est un calife éclairé. Pour construire sa capitale, il fait venir les meilleurs architectes, artisans et artistes du monde arabe. Il confie le choix de l'emplacement et la date de début des travaux à ses géographes et à ses astrologues.

Il faudra quatre ans et plus de cent mille ouvriers pour faire sortir de terre la ville dont il a rêvé. La cité a la particularité d'être parfaitement ronde. Son double mur d'enceintes circulaires, long de huit kilomètres de circonférence, est fortifié de cent douze tours et ouvert de quatre portes orientées selon les diagonales aux quatre points cardinaux. Au centre de la ville se trouvent les casernes, la mosquée et le palais du calife, dont le dôme vert, culminant à près de cinquante mètres, est visible à près de vingt kilomètres à la ronde.

À sa fondation, la cité est nommée Madīnat as-Salām, la Cité de la Paix. On l'appellera également Madīnat al-Anwār, la cité des Lumières, ou encore ʿĀsimat ad-Dunyā, la capitale du monde. C'est pourtant sous un autre nom que la ville d'Al-Mansûr va entrer dans l'histoire : Bagdad.

Rapidement, la population de Bagdad atteint plusieurs centaines de milliers d'habitants. La cité se trouve au carrefour des grandes routes commerciales et les rues grouillent de marchands venus des quatre coins du monde. Les étals se couvrent de soie, d'or et d'ivoire, l'air s'emplit de parfums et d'épices, la ville bourdonne d'histoires lointaines. L'époque est celle des *Mille et Une Nuits* et des légendes ; celle des sultans, des vizirs et des princesses ; celle aussi des tapis volants, des djinns et des lampes magiques.

Al-Mansûr et les califes qui lui succéderont veulent faire de Bagdad une ville de premier ordre sur le plan culturel et scientifique. Alors, pour faire venir les plus grands savants, ils vont user d'un appât qui a déjà fait ses preuves mille ans plus tôt à Alexandrie : une bibliothèque. À la fin du VIIIe siècle, le calife Hâroun ar-Rachîd commence à constituer une collection de livres avec la volonté de préserver et faire vivre les connaissances accumulées par les Grecs, les Mésopotamiens, les Égyptiens ou les Indiens.

De nombreux ouvrages sont copiés et traduits en arabe. Les ouvrages grecs qui circulent encore en nombre dans les milieux intellectuels sont les premiers à être intégrés par les savants de Bagdad. En quelques années, plusieurs éditions arabes des *Éléments* d'Euclide voient le jour. On traduit également plusieurs traités d'Archimède dont celui sur la mesure du cercle, l'*Almageste* de Ptolémée ou encore l'*Arithmétique* de Diophante.

Au début du IXe siècle, le mathématicien Muhammad al-Khwārizmī publie un ouvrage majeur, le *Livre sur le calcul indien*, dans lequel il expose le système de numération décimal en provenance d'Inde. Grâce à lui, les dix chiffres, zéro compris, vont se répandre dans tout le monde arabe et de là s'imposer définitivement dans le monde entier. En arabe, le zéro est nommé zifr, qui signifie « vide ». Lors du passage en Europe, ce mot se dédoublera : d'une part il passera à l'italien sous la forme « zefiro » qui donnera notre « zéro » ; d'autre part, il deviendra « cifra » en latin qui donnera le mot « chiffre ». Les Européens, oubliant les racines indiennes de ces dix symboles, les appelleront alors chiffres arabes.

En 809, Hârûn ar-Rachîd meurt et son fils Al-Amîn le remplace. Ce dernier ne régnera pas longtemps, détrôné en 813 par son propre frère, al-Mamun.

La légende raconte qu'une nuit, al-Mamun reçut en rêve la visite d'Aristote. Cet entretien marqua profondément le jeune calife qui décida de donner une nouvelle impulsion aux recherches scientifiques et d'accueillir toujours plus de savants dans sa ville. C'est ainsi qu'en 832, la bibliothèque de Bagdad donne naissance à une institution destinée à favoriser la conservation et le développement des savoirs scientifiques. L'établissement prend le nom de Bayt al-Hikma, la Maison de la sagesse, dont le fonctionnement rappelle étrangement celui du Mouseîon d'Alexandrie.

Le calife est fortement impliqué dans son développement. Il intervient directement auprès des puissances étrangères, comme l'Empire byzantin, pour faire venir à Bagdad des ouvrages rares qui pourront y être copiés et traduits. Il commande aux savants des ouvrages destinés à être diffusés dans tout le califat. Il assiste même parfois en personne aux débats scientifiques ou philosophiques qui sont organisés au moins une fois par semaine au sein du Bayt al-Hikma.

Au fil des siècles, la Maison de la sagesse de Bagdad va essaimer dans tout le monde arabe. De nombreuses autres villes vont à leur tour se doter de bibliothèques et d'institutions destinées à accueillir les savants. Parmi les plus influentes et actives d'entre elles, on compte celle de Cordoue en Andalousie fondée au Xe siècle, celle du Caire en Égypte au XIe siècle ou encore celle de Fès dans l'actuel Maroc au XIVe siècle.

Il faut le dire, cette décentralisation scientifique va être largement facilitée par l'arrivée d'une invention venue de Chine et récupérée, presque par hasard, en 751 lors de la bataille de Tablas dans l'actuel Kazakhstan : le papier. Le papier facilite la copie et le transport des livres. Dès lors, il n'est plus nécessaire de se rendre à Bagdad pour être au courant des dernières découvertes en matière de mathématiques, d'astronomie ou de géographie. De grands scientifiques vont pouvoir travailler et produire des ouvrages novateurs aux quatre coins de l'Empire arabo-musulman.

Les pavages de l'Alhambra

Tandis qu'au sein des Bayt al-Hikma, les grands esprits écrivent l'histoire des mathématiques, dans les rues de Bagdad et des villes arabes, c'est une autre histoire qui continue. L'islam bannit en principe la représentation d'êtres humains ou d'animaux dans les mosquées ou autres lieux religieux. Alors pour pallier cet interdit, les artistes musulmans vont faire preuve d'une créativité époustouflante dans l'élaboration de motifs géométriques décoratifs.

Rappelez-vous des premiers artisans sédentaires de Mésopotamie qui imaginaient des motifs pour décorer leurs poteries. Ils avaient trouvé sans le savoir les sept catégories de frises possibles. Or, si une frise est une figure qui se répète selon une direction, on peut également en imaginer qui se répètent selon deux directions, pour couvrir des surfaces entières. C'est ce que l'on appelle des pavages. Les rues de Bagdad et des villes musulmanes vont peu à peu s'habiller d'une géométrie flamboyante qui va devenir l'une des marques de fabrique de l'art islamique.

Certains pavages sont assez simples.

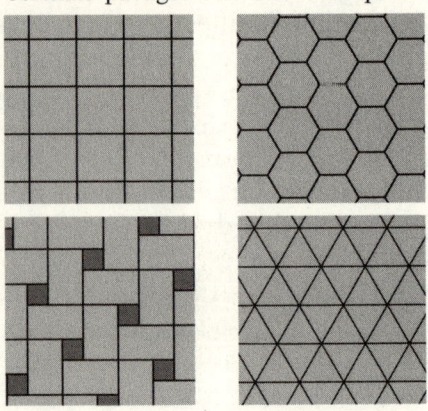

D'autres sont plus complexes.

Plus tard, les mathématiciens parviendront à démontrer qu'il existe en tout et pour tout dix-sept catégories

> géométriques de pavages, classés selon les transformations géométriques qui les laissent invariants. Chacune de ces catégories peut ensuite donner lieu à une infinité de variantes différentes. Les artistes arabes, sans connaître ce théorème, découvrirent les dix-sept catégories et les déclinèrent magistralement dans leur architecture comme dans l'ornement d'objets d'art ou de la vie quotidienne.
>
> À Grenade, en Andalousie, le palais de l'Alhambra est l'un des monuments les plus marquants de la présence islamique en Espagne au Moyen Âge. Plus de deux millions de touristes le visitent chaque année. Ce que peu d'entre eux savent, c'est que le palais jouit d'une réputation toute particulière auprès des mathématiciens. L'Alhambra est en effet connu pour présenter en son sein chacune des dix-sept catégories de frises existantes disséminées (et parfois bien cachées) au fil de ses salles et de ses jardins.
> Alors si jamais vous passez un jour par Grenade, vous savez ce qu'il vous reste à faire.

Restons quelque temps encore à Bagdad et osons pousser les portes du Bayt al-Hikma pour observer ce qu'il s'y passe. Quelles mathématiques nouvelles ces mathématiciens arabes nous concoctent-ils ? De quoi traitent ces livres fraîchement écrits qui s'empilent sur les étagères de la bibliothèque ?

L'une des disciplines qui va le plus se développer au cours de cette période est la trigonométrie, c'est-à-dire l'étude des mesures des trigones, autrement appelés triangles. À première vue, cela peut sembler décevant : les peuples antiques étudiaient déjà les triangles, le théorème de Pythagore en est témoin. Pourtant, les Arabes vont prolonger leurs recherches au point d'en faire une discipline d'une précision remarquable dont les résultats ont encore de multiples applications de nos jours.

Contrairement à ce que l'on pourrait croire, les triangles ne sont pas toujours si faciles que ça à comprendre et de nombreux points restaient à éclaircir à la fin de l'Antiquité. Pour bien connaître un triangle, il nous faut principalement six informations à son sujet : les longueurs de ses trois côtés et les mesures de ses trois angles.

Seulement voilà : pour utiliser la trigonométrie sur le terrain, il est souvent bien plus simple de mesurer l'angle entre deux directions que la distance entre deux points. L'astronomie en est l'exemple le plus frappant. Connaître la distance qui sépare les étoiles que l'on observe dans le ciel nocturne est une question très difficile à laquelle il faudra encore plusieurs siècles pour trouver une réponse. En revanche, mesurer l'angle que font ces étoiles entre elles ou au-dessus de l'horizon est nettement plus simple. Un simple octant, ancêtre du sextant, suffit. De la même manière, un géographe désirant établir la carte d'un territoire pourra aisément mesurer les angles d'un triangle formé par trois montagnes. Il n'a besoin pour cela que d'une alidade, qui n'est rien d'autre qu'un rapporteur muni d'un système de visée. Et pour orienter la carte dans l'espace, une simple boussole lui permettra de mesurer l'angle entre le Nord et une direction donnée. Mesurer la distance entre les trois montagnes demande en revanche la montée d'une expédition bien plus lourde et des calculs nettement plus complexes. Alexandre et ses bématistes ne nous contrediront pas sur ce point !

Le but du jeu est alors le suivant : comment faire pour connaître toutes les informations d'un triangle en mesurant le moins de distances possible ? En se posant cette question, les trigonomètres vont se retrouver confrontés à un problème similaire à celui posé par le cercle à Archimède un millénaire plus tôt. Tout d'abord, si vous connaissez tous les angles d'un triangle, mais aucun de ses côtés, vous pouvez en déduire sa forme, mais pas sa taille. Pour preuve, les triangles suivants ont tous les mêmes angles, mais les longueurs de leurs côtés diffèrent.

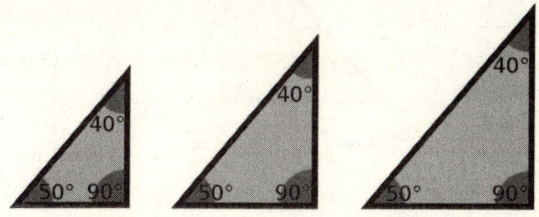

Pourtant, tous ont les mêmes proportions. Si par exemple on se demande par quel nombre il faut multiplier la longueur du plus grand côté pour obtenir le plus petit, on trouvera le même résultat pour chacun de ces trois triangles : 0,64 ! Un peu de la même façon que le périmètre d'un cercle s'obtient toujours en multipliant son diamètre par π quelle que soit sa taille.

Enfin... presque 0,64. Ce nombre n'est qu'une approximation. Comme pour π, cette proportion ne peut pas se calculer précisément et nous devrons nous contenter de valeurs approchées. Un peu plus de précision nous donnerait 0,642 ou même 0,64278, mais ce n'est toujours pas parfait. L'écriture décimale de ce nombre possède une infinité de chiffres après la virgule. Il en est de même pour les autres rapports que l'on peut calculer dans ces triangles. Ainsi, on passe du grand au moyen côté en multipliant par environ 0,766 et du petit au moyen en multipliant par environ 1,192.

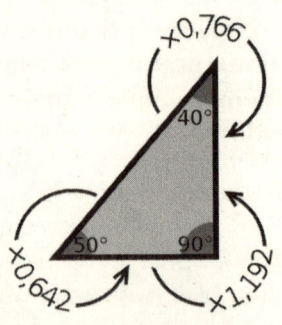

Puisqu'il est impossible d'attribuer à ces trois rapports leurs valeurs exactes, les mathématiciens leur ont donné des noms pour mieux pouvoir les étudier. Plusieurs mots furent utilisés selon les lieux et les époques, mais aujourd'hui, nous les nommons respectivement « cosinus », « sinus » et « tangente ». De multiples variantes furent également inventées et exploitées avant de tomber dans l'oubli. Le seked dont se servaient les Égyptiens pour évaluer la pente de leurs pyramides en est un exemple. La corde, introduite par les Grecs, et qui correspond à un rapport dans un triangle isocèle en est un autre.

Les rapports trigonométriques vont toutefois poser un nouveau problème. Leurs valeurs varient d'un triangle à l'autre. Ainsi, les rapports 0,642, 0,766 et 1,192 ne sont valables que pour les triangles ayant des angles de 40°, 50° et 90°. Si on regarde au contraire un triangle rectangle avec des angles de 20°, 70° et 90°, alors ses cosinus, sinus et tangente vaudront environ 0,342, 0,940 et 2,747 ! Bref, la tâche des mathématiciens trigonomètres est bien plus vaste que prévue. Il ne s'agit pas simplement de trouver un nombre, ni même trois, ce sont des tableaux entiers de nombres qui varient en fonction de tous les angles possibles qu'il va falloir calculer !

Ci-après est représentée une table trigonométrique pour des triangles rectangles dont l'un des angles varie de 10° à 80°. Vous remarquerez que pour chaque triangle, un seul angle est donné. Il n'est en effet pas nécessaire d'indiquer les deux autres qui peuvent être retrouvés sans peine : d'une part l'angle droit mesure toujours 90° et d'autre part, un théorème affirme que la somme des trois angles d'un triangle vaut toujours 180°, ce qui permet de déduire le troisième. À vrai dire, il n'est même pas nécessaire de tracer les triangles : la seule donnée de l'angle est suffisante pour les reconstituer. C'est pourquoi la première colonne des tables trigonométriques n'indique en général que l'angle. On dira ainsi que le cosinus de 10° est égal à 0,9848 ou que la tangente de 50° vaut 1,1918.

Triangle	Cosinus	Sinus	Tangente
10°	0,9848	0,1736	0,1763
20°	0,9397	0,3420	0,3640
30°	0,8660	0,5	0,5774
40°	0,7660	0,6428	0,8391
50°	0,6428	0,7660	1,1918
60°	0,5	0,8660	1,7321
70°	0,3420	0,9397	2,7475
80°	0,1736	0,9848	5,6713

Bien entendu, une table trigonométrique n'est jamais complète. Il est toujours possible de l'affiner, soit en trouvant de meilleures approximations des rapports qui s'y trouvent, soit en affinant l'éventail des triangles représentés. Dans le tableau, les triangles ont des angles variant de 10° en 10°, mais il serait préférable d'avoir une précision au degré près, voire au dixième de degré près. Bref, calculer des tables trigonométriques toujours plus fines est une tâche sans fin à laquelle des générations de mathématiciens s'attelleront tour à tour. Il faudra attendre l'avènement des calculatrices électroniques au cours du XXe siècle pour enfin les libérer de leur fardeau.

Les Grecs furent sans doute les premiers à établir des tables trigonométriques. Les plus anciennes qui nous soient parvenues se trouvent dans l'*Almageste* de Ptolémée et seraient empruntées à Hipparque de Nicée, un mathématicien du IIe siècle avant notre ère. À la fin du Ve siècle, le savant indien Aryabhata publia également ses tables de trigonométrie. Au Moyen Âge, ce sont les Perses Omar Khayyam au XIe siècle et al-Kashi au XIVe siècle qui vont établir les plus célèbres tables.

Les savants du monde arabe vont jouer un rôle primordial, non seulement pour leur contribution à l'écriture de tables plus précises, mais aussi et surtout pour ce qu'ils vont en faire. Ils vont porter à son sommet l'art de jongler avec ces données et de les utiliser le plus efficacement possible.

C'est ainsi qu'al-Kashi publie en 1427 un ouvrage intitulé *Miftah al-hisab*, ou *La Clé de l'arithmétique*, dans lequel il énonce un résultat qui généralise le théorème de Pythagore. Grâce à une habile utilisation des cosinus, al-Kashi parvient à forger un théorème qui s'applique à absolument tous les triangles et non plus seulement ceux qui sont rectangles. Le théorème d'al-Kashi fonctionne par correction du théorème de Pythagore : quand le triangle n'est pas rectangle, la somme des carrés des deux premiers côtés n'est pas égale au carré du troisième. Cependant, cette égalité devient vraie à condition d'ajouter un terme correctif qui se calcule directement à partir du cosinus de l'angle entre les deux premiers côtés.

Quand al-Kashi publie ce résultat, ce n'est déjà plus un inconnu dans le monde mathématique. Il s'était fait connaître trois ans plus tôt en calculant une approximation du nombre π jusqu'à la seizième décimale. Un record pour l'époque ! Mais si les records sont faits pour être battus[1], les théorèmes, en revanche, restent. Le théorème d'al-Kashi est toujours aujourd'hui l'un des résultats trigonométriques les plus utilisés.

Rive gauche de Paris. Nous sommes au mois de juin et me voilà transformé en guide touristique un peu particulier. Ce jour-là, avec un groupe d'une vingtaine de personnes, nous parcourons les rues du Quartier latin sur les traces des mathématiques et de leur histoire. Notre prochaine halte est prévue dans le jardin des grands explorateurs. Au nord, on aperçoit les allées symétriques du

---

[1]. Le mathématicien hollandais Ludolph Van Ceulen calculera 35 décimales cent soixante-dix ans plus tard.

jardin du Luxembourg fuyant en rangs massifs vers le palais du Sénat. Au sud, la coupole de l'Observatoire de Paris gonfle sa silhouette arrondie au-dessus des toits de la capitale.

En suivant l'axe du jardin, nous marchons en funambule sur la ligne précise du méridien de Paris. Un pas d'écart sur la gauche, nous sommes dans l'hémisphère Est du monde. Deux pas sur la droite et nous basculons dans l'hémisphère Ouest. Cinq cents mètres plus loin, le méridien traverse l'Observatoire en son cœur, file au milieu du XIVe arrondissement puis sort de Paris par le parc Montsouris. Il poursuit sa course à travers les campagnes françaises, coupe un morceau d'Espagne et s'élance à travers le continent africain et l'océan Antarctique pour finir sa course au pôle Sud. Derrière nous, il remonte par les rues de Montmartre, frôle les îles britanniques et la Norvège pour atteindre le pôle Nord.

Établir le tracé précis du méridien ne fut pas chose aisée. Cela demanda d'effectuer des relevés de précision sur de vastes étendues. Comment faire par exemple pour mesurer la distance entre deux points situés de part et d'autre d'une montagne, sans pouvoir traverser celle-ci ? Pour répondre à cette question, les savants du début du XVIIIe siècle ont enveloppé le méridien d'une succession de triangles virtuels courant du nord au sud de la France.

Les points d'ancrage de la triangulation furent choisis pour être des lieux en hauteur, tels que des collines, montagnes ou clochers d'où il est possible de viser les autres points pour mesurer les angles entre eux. Une fois les relevés pris sur le terrain, il ne restait plus qu'à utiliser abondamment les procédés trigonométriques mis au point par les Arabes pour déterminer la position exacte de chacun des points de la triangulation et à travers eux du méridien.

Les Cassini vont être parmi les premiers à se consacrer à cette tâche. La famille Cassini est une véritable dynastie de scientifiques, au point qu'il est d'usage de les numéroter à la façon des rois ! Giovanni Domenico, dit Cassini Ier, fraîchement émigré d'Italie, fut le premier directeur de l'Observatoire de Paris à sa fondation en 1671. Son fils Jacques, ou Cassini II, lui succéda à sa mort en 1712. Ce sont eux qui établirent la première triangulation du méridien qui fut achevée en 1718. Après eux, Cassini III (prénommé César-François et fils du II), fit de leur triangulation du méridien la colonne vertébrale de la première triangulation complète du territoire français. Il en résulta la publication en 1744 de la toute première carte de France établie par un procédé scientifique rigoureux. Son fils Cassini IV, alias Jean-Dominique, poursuivra son travail en affinant encore la triangulation région par région.

En marchant sur le méridien, nous marchons indirectement dans les pas des savants arabes qui ont établi les bases théoriques de ces triangulations. Chaque triangle sur la carte a nécessité l'usage de cosinus, de sinus ou de tangentes. Chacun d'entre eux porte dans sa forme l'héritage d'al-Kashi et des premiers trigonomètres

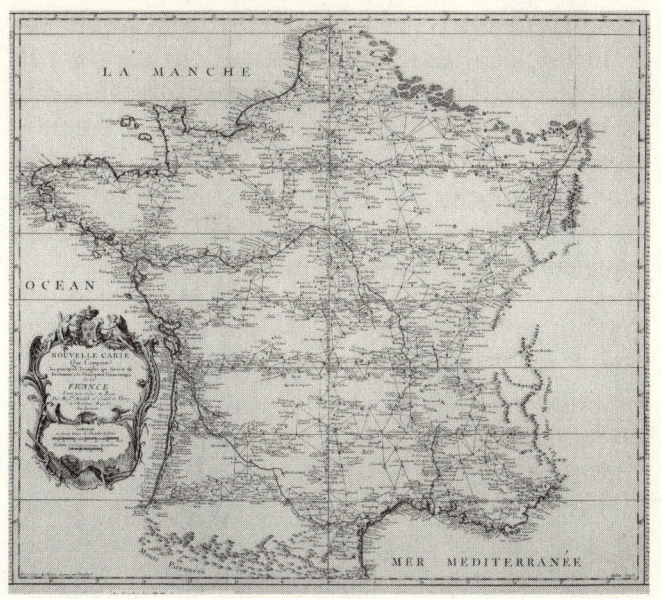

Carte de France de 1744 sur laquelle est représenté le méridien de Paris ains que les principaux triangles de Cassini.

de Bagdad. Tous ces calculs faits à la main ont demandé aux savants de l'observatoire d'innombrables heures de travail accompagnés de leurs tables trigonométriques.

Les triangulations continuèrent d'être utilisées jusqu'à la fin du XXe siècle et l'arrivée des satellites. Les réseaux les plus précis comptaient alors jusqu'à 80 000 points. Les bornes qui marquaient ces points sont encore visibles, disséminées un peu partout sur le territoire français. À Paris, on peut toujours voir les deux mires qui déterminent l'axe du méridien : l'une se trouve au sud dans le parc Montsouris, l'autre au nord à Montmartre. En 1994, cent trente-cinq médaillons au nom de l'astronome François Arago furent placés sur le trajet du méridien dans la capitale. L'un d'eux se trouve à l'intérieur même du musée du Louvre. La prochaine fois que vous vous baladerez dans les rues parisiennes, ouvrez l'œil, vous pourriez bien en croiser quelques-uns !

Lorsque le système métrique vit le jour à la Révolution française, la longueur du mètre fut rapportée, dans un souci d'universalité, à celle du méridien. Un mètre fut précisément défini comme la dix millionième partie du quart du méridien. En 1796, seize mètres étalons gravés dans le marbre furent installés aux quatre coins de Paris afin que chacun puisse venir s'y référer. Aujourd'hui, deux d'entre eux sont toujours visibles, l'un rue Vaugirard face au jardin du Luxembourg, l'autre place Vendôme à l'entrée du ministère de la Justice.

Le méridien de Paris fit référence jusqu'à la conférence internationale de Washington en 1884. Il fut alors remplacé par le méridien de Greenwich passant par l'Observatoire royal de Londres. En échange du méridien, les Britanniques s'engagèrent à adopter le système métrique. On attend toujours.

Avec l'arrivée de l'informatique et des satellites, les tables trigonométriques et les triangulations au sol sont devenues inutiles. Mais la trigonométrie n'a pas disparu pour autant. Elle est venue se loger au cœur des processeurs. Les triangles se sont cachés, mais ils sont toujours là.

Tenez, regardez ces voitures qui défilent sur l'avenue de l'Observatoire. Beaucoup d'entre elles sont désormais équipées d'un système de positionnement GPS. À chaque instant, leurs trajectoires sont déterminées par leur positionnement relatif à quatre satellites qui les suivent depuis l'espace. La résolution des équations qui en résultent fait encore appel à la trigonométrie. Ces automobilistes savent-ils que cette voix qui leur ordonne tranquillement de tourner à gauche vient à l'instant même d'utiliser quelques sinus ou cosinus ?

Et puis, avez-vous déjà entendu, au beau milieu de votre série policière préférée, un des enquêteurs annoncer que le téléphone du suspect venait d'être localisé par triangulation ? Ce genre de positionnement consiste à déterminer la position d'un portable en fonction de sa distance aux trois antennes relais les plus proches. Ce problème de géométrie se résout sans soucis grâce à quelques formules de trigonométrie que nos ordinateurs effectuent désormais à la vitesse de l'éclair.

Et non contente de mesurer le réel, la trigonométrie va également s'immiscer dans la création des mondes virtuels. Les films d'animation 3D et les jeux vidéo en font abondamment usage. En dessous de la texture dont les recouvrent les graphistes, les formes en 3D sont composées de maillages géométriques qui rappellent étrangement les triangulations des Cassini. Ce sont ces maillages qui, en se déformant, animent objets et personnages. Le calcul de la moindre image de synthèse, comme celle de la théière de l'Utah, qui fut un des premiers objets modélisés sur ordinateur en 1975, nécessite l'application d'un grand nombre de formules trigonométriques.

9

Vers l'inconnue

De retour à Bagdad. Parmi tous les savants qui vont fréquenter le Bayt al-Hikma, l'un d'entre eux va tout particulièrement marquer son époque : Muhammad ibn al-Khwārizmī.

Al-Khwārizmī est un mathématicien perse né dans les années 780. Sa famille est originaire de la région du Khwarezm qui s'étend sur les actuels territoires d'Iran, d'Ouzbékistan et du Turkménistan. On ne sait pas vraiment si al-Khwārizmī y est né ou si ses parents ont émigré à Bagdad avant sa naissance, toujours est-il que c'est dans la ville ronde que le jeune savant se retrouve au début du IXe siècle. Il va être parmi les premiers scientifiques à intégrer le Bayt al-Hikma et s'y faire une réputation de premier plan.

Dans les rues de Bagdad, al-Khwārizmī est surtout connu comme astronome. Il rédige plusieurs traités théoriques qui reprennent les connaissances grecques ou indiennes ainsi que des ouvrages pratiques sur l'utilisation d'un cadran solaire ou la fabrication d'un astrolabe. Il met également ses connaissances à profit pour établir des tables géographiques qui regroupent les latitudes et longitudes des lieux les plus remarquables du monde. Son méridien de référence, inspiré de Ptolémée, reste cependant approximatif : il est défini comme passant par les îles Fortunées, dont l'emplacement plus ou moins mythologique est censé se situer à l'extrémité ouest du monde et pourrait correspondre aux actuelles îles Canaries.

En mathématiques, c'est al-Khwārizmī qui rédigea le fameux *Livre sur le calcul indien* qui révéla au monde le système décimal positionnel. Cet ouvrage essentiel aurait bien suffi à le faire entrer au Panthéon des mathématiques ; c'est cependant un autre livre au contenu révolutionnaire qui va définitivement lui assurer sa place au rang des plus grands mathématiciens de l'Histoire aux côtés d'Archimède ou de Brahmagupta.

Ce livre, c'est al-Mamun en personne qui va le lui commander. Le calife souhaite mettre à la disposition de sa population un manuel de mathématiques qui puisse être utile à tout un chacun pour résoudre les questions qui se posent dans la vie de tous les jours. Al-Khwārizmī s'en voit donc confier l'élaboration et commence à compiler une liste de problèmes classiques accompagnés de leur méthode de résolution. On y retrouve entre autres des questions de mesure des terres, de transactions commerciales ou encore de répartition d'un héritage entre différents membres d'une famille.

Tous ces problèmes, quoique forts intéressants, n'ont rien de novateurs et si al-Khwārizmī s'en était tenu à la demande du calife, son livre ne serait sans doute jamais passé à la postérité. Cependant, le savant perse ne va pas s'arrêter là et décide de rajouter en introduction de son ouvrage une première partie purement théorique. Il y expose de manière structurée et abstraite les différentes méthodes de résolution qui sont mises en pratique dans les problèmes concrets.

L'ouvrage terminé, al-Khwārizmī l'intitule *Kitāb al-mukhtaṣar fī ḥistāb al-jabr wa-l-muqtābala*, ou *L'Abrégé du calcul par la restauration et la comparaison*. Lorsque, bien plus tard, il fut traduit en latin, les derniers mots du titre arabe furent repris phonétiquement et le livre fut nommé *Liber Algebræ* et *Almucabola*. Peu à peu, le terme Almucabola fut abandonné et laissa place au seul mot qui allait dorénavant désigner la discipline initiée par al-Khwārizmī : al-jabr, algebræ, algèbre.

Plus que son contenu mathématique, c'est bel et bien la formulation que va donner al-Khwārizmī à ses méthodes qui est révolutionnaire. Il va détailler ses procédés de résolution des problèmes de façon indépendante des problèmes eux-mêmes. Pour bien comprendre cette démarche, regardons les trois questions suivantes :

1. *Un champ rectangulaire a 5 unités de largeur et une surface de 30. Combien mesure sa longueur ?*
2. *Un homme de 30 ans a 5 fois l'âge de son fils. Quel âge a son fils ?*
3. *Un marchand a acheté 30 kilogrammes de tissus en 5 rouleaux identiques. Combien pèse chaque rouleau ?*

Dans les trois cas, la réponse est 6. Et l'on sent bien en résolvant ces problèmes que, quoiqu'ils traitent de sujets radicalement différents, les mathématiques qui se cachent derrière sont les mêmes. Dans les trois cas, ce résultat se trouve par une division : 30÷5 = 6. La première démarche d'al-Khwārizmī consiste à dépouiller ces questions de leur contexte pour en extraire un problème purement mathématique :

On cherche un nombre qui multiplié par 5 donne 30.

Dans cette formulation, nous ignorons ce que représentent les nombres 5 et 30. Il peut bien s'agir de dimensions géométriques, d'âges, de rouleaux de tissu ou de quoi que ce soit d'autre, peu importe ! Cela ne change en rien la façon dont nous allons rechercher la réponse. L'objectif de l'algèbre est ainsi de proposer des méthodes permettant de résoudre ce genre de devinettes purement mathématiques. Ces devinettes prendront quelques siècles plus tard, en Europe, le nom d'équation.

al-Khwārizmī va encore plus loin dans son étude des équations. Il affirme que la méthode ne dépend même pas des données numériques du problème. Regardez les trois équations suivantes :

1. *On cherche un nombre qui multiplié par 5 donne 30 ;*
2. *On cherche un nombre qui multiplié par 2 donne 16 ;*
3. *On cherche un nombre qui multiplié par 3 donne 60.*

Chacune de ces équations regroupe déjà, dans sa formulation, une multitude de problèmes concrets différents. Mais encore une fois, on sent bien que leur résolution va procéder de la même méthode. Dans les trois cas, on trouve les solutions en divisant le deuxième nombre par le premier : pour la première 30÷5 = 6, pour la deuxième 16÷2 = 8 et pour la troisième 60÷3 = 20. La méthode de résolution est donc non seulement indépendante du problème concret, mais aussi des nombres qui interviennent dans ce problème.

Il devient donc possible de formuler ces équations de manière encore plus abstraite :

On cherche un nombre qui multiplié par une certaine quantité 1 donne une quantité 2.

Tous les problèmes de ce type pourront se résoudre de la même manière : il suffit de diviser la quantité 2 par la quantité 1.

Alors, bien sûr, cet exemple reste très simple. Il ne fait intervenir qu'une multiplication et sa résolution n'utilise qu'une division. Mais il est possible d'imaginer d'autres types d'équations dans lesquelles l'inconnue subit plusieurs opérations différentes. al-Khwārizmī va principalement se pencher sur les équations dans lesquelles l'inconnue peut subir les quatre opérations de base (addition, soustraction, multiplication et division) ainsi que des carrés. En voici un exemple :

On cherche un nombre dont le carré est égal à 3 fois sa valeur augmentée de 10.

Cette fois, la solution est 5. Le carré de 5 est 25 et on a bien $25 = 3 \times 5 + 10$. Pour cette fois, nous avons eu de la chance car cette solution est un nombre entier et il aurait été possible de le deviner en faisant plusieurs essais. Mais quand les solutions sont des nombres très grands ou des nombres à virgule, il devient nécessaire de disposer d'une méthode précise permettant de trouver leurs valeurs de façon systématique. C'est précisément ce que construit al-Khwārizmī dans l'introduction de son livre. Il y décrit étape par étape les calculs qu'il faut effectuer à partir des données du problème, et ce quelles que soient ces données. Dans un deuxième temps, il rédige également des démonstrations prouvant que ses méthodes fonctionnent.

La démarche d'al-Khwārizmī s'inscrit donc parfaitement dans la dynamique globale des mathématiques qui tend vers l'abstraction et la généralité. Depuis longtemps déjà, les objets mathématiques avaient été rendus indépendants des objets réels qu'ils représentaient. Avec al-Khwārizmī, ce sont les raisonnements mêmes que l'on fait sur ces objets qui se détachent des problèmes qu'ils sont censés résoudre.

La classification des équations

Toutes les équations ne sont pas aussi faciles à résoudre. Il y en a même certaines sur lesquelles nos mathématiciens actuels se cassent encore les dents. La difficulté d'une équation dépend essentiellement des opérations qui la composent.

Ainsi, si l'inconnue ne subit que des additions, soustractions, multiplications et divisions, on parle d'équations du premier degré. En voici quelques exemples :

Quel nombre donne 10 si on lui ajoute 3 ?
Quel nombre donne 15 si on le divise par 2 ?
Quel nombre donne 0 si on le multiplie par 2 puis qu'on lui soustrait 10 ?

Les équations du premier degré sont les plus simples à résoudre. Un peu de réflexion permet de trouver les solutions de ces trois-là : 7 car 7 + 3 = 10, puis 30 car 30 ÷ 2 = 15 et enfin 5 car 5×2 – 10 = 0.

Si à ces quatre opérations on rajoute les carrés, c'est-à-dire l'opération qui consiste à multiplier l'inconnue par elle-même, on passe aux équations du deuxième degré et la difficulté devient bien plus importante. Ce sont précisément ces équations de degré 2 qu'al-Khwārizmī résout dans son ouvrage. Voici deux exemples traités par le savant perse :

Le carré d'un nombre plus vingt et un est égal à dix fois ce nombre.
Le carré d'un nombre auquel on ajoute dix fois ce même nombre donne trente-neuf.

L'une des particularités des équations du second degré est qu'elles peuvent avoir deux solutions. C'est le cas ici : les nombres 3 et 7 répondent à la première question puisque 3×3 + 21 = 3 × 10 et 7×7 + 21 = 7 × 10. La deuxième équation possède également deux solutions : 3 et – 13.

Au IXe siècle, la géométrie est toujours la discipline de référence en mathématiques et les démonstrations d'al-Khwārizmī sont systématiquement formulées en termes géométriques. Selon l'interprétation initiée par les savants antiques, le carré d'un nombre et la multiplication de deux nombres peuvent se voir comme des surfaces. Une équation du second degré peut donc être traitée comme un problème de géométrie plane. Voici par exemple, les versions géométriques de nos deux équations précédentes. Les points d'interrogations sont les longueurs correspondant au nombre inconnu.

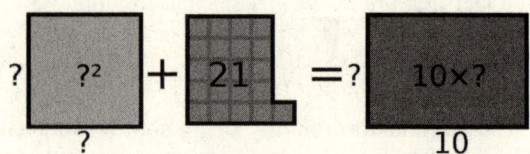

Le carré d'un nombre plus vingt et un est égal à dix fois ce nombre.

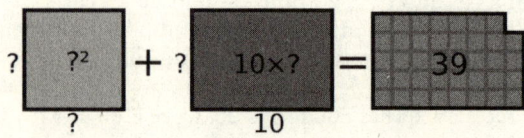

Le carré d'un nombre auquel on ajoute dix fois ce même nombre donne trente-neuf.

Al-Khwārizmī résout alors ces problèmes avec des méthodes de puzzles améliorés. Il découpe des pièces, rajoute ou enlève des morceaux selon ses besoins pour obtenir une figure faisant apparaître la solution.

Regardons par exemple la deuxième des équations précédentes, sa méthode commence par découper le rectangle valant 10 fois l'inconnue en deux rectangles valant chacun 5 fois l'inconnue.

Puis il redispose les morceaux de la façon suivante.

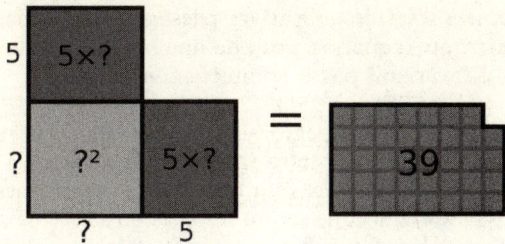

Enfin, il ajoute des deux côtés de l'égalité une pièce ayant une surface de 25 de façon à reconstituer des carrés des deux côtés.

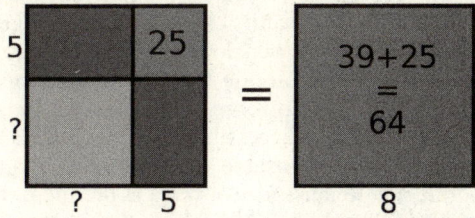

Le carré de gauche a alors un côté égal à l'inconnue augmentée de 5 tandis que celui de droite a un côté égal à 8. On en déduit que l'inconnue vaut 3.

Remarquez que la figure précédente est grossièrement mal proportionnée. Il n'était pas possible de savoir avant sa résolution que l'inconnue valait 3 et les longueurs représentées ne sont pas correctes. Cela n'a aucune espèce d'importance puisque ce ne sont pas les valeurs numériques qui comptent ici, mais le fait que le même découpage fonctionne quels que soient les nombres particuliers qui apparaissent dans ces équations. Un adage prétend que la géométrie est l'art de raisonner juste sur des figures fausses. En voici une parfaite illustration !

> Il faut cependant noter que par cette méthode, l'inconnue est une longueur, c'est-à-dire un nombre positif : les solutions négatives passent à la trappe. Alors que notre équation possède une solution égale à −13, al-Khwārizmī passe complètement à côté.
>
> Après le second degré, vient le troisième. Cette fois, il est possible de faire intervenir le cube de l'inconnue. Ces équations sont encore trop complexes pour al-Khwārizmī et ne seront résolues qu'à la Renaissance. Si nous les interprétons en termes géométriques, nous tombons désormais sur un problème de volumes en trois dimensions.
>
> Arrivent ensuite les équations du quatrième degré. D'un point de vue numérique, ces équations se posent sans aucun souci. La représentation géométrique vient cependant à nous trahir, car il faudrait imaginer des figures en quatre dimensions, ce qui n'est pas envisageable dans notre monde limité à trois dimensions. Cette capacité de l'algèbre à générer des problèmes qui sont a priori inaccessibles à la géométrie sera en grande partie responsable du basculement qui va se produire à la Renaissance et verra la première ravir à la seconde le titre de discipline reine des mathématiques.

À la fin du IXe siècle, le mathématicien égyptien Abu Kamil est l'un des principaux successeurs d'al-Khwārizmī. Il va généraliser les méthodes du savant perse et s'intéresser en particulier aux systèmes d'équations. Ces systèmes consistent à retrouver simultanément plusieurs nombres inconnus à partir de plusieurs équations. En voici un exemple classique.

> *Le troupeau d'un éleveur est constitué de dromadaires qui ont une bosse et de chameaux qui en ont deux. On peut y compter au total 100 têtes et 130 bosses. Combien y a-t-il d'animaux de chaque espèce ?*

Nous cherchons ici deux inconnues, le nombre de dromadaires et celui de chameaux, et les informations dont nous disposons sont mêlées. Les têtes et les bosses nous donnent deux équations, mais il n'est pas possible de résoudre ces deux équations de façon indépendante : il faut considérer le problème comme un tout.

Il y a plusieurs méthodes pour aborder ce problème. Une façon de raisonner est la suivante. Puisqu'il y a 100 têtes, il y a 100 animaux. Or, s'il n'y avait que des dromadaires, il y aurait également 100 bosses et il en manquerait donc 30. Il y a donc 30 chameaux et les 70 autres sont des dromadaires. Il n'y a ici qu'une seule solution, mais d'autres systèmes plus complexes peuvent en avoir beaucoup plus. Ainsi, Abu Kamil dans l'un de ses ouvrages affirme avoir résolu certaines équations pour lesquelles il a trouvé 2 676 solutions différentes !

Au Xe siècle, Al Karaji est le premier à écrire que l'on peut imaginer des équations de n'importe quel degré, même si les cas de figures qu'il parvient à résoudre restent relativement maigres. Au XIe et au XIIe siècle, ce sont Omar Khayyam et Sharaf al-Dīn al-Tūsī qui se lancent à l'assaut du troisième degré. Ils parviennent à résoudre certains cas particuliers et produisent des avancées significatives dans leur étude sans pour autant parvenir à une méthode systématique de résolution. Plusieurs autres tentatives échouent et quelques mathématiciens commencent à évoquer la possibilité que ces équations ne soient pas résolubles.

Ce ne sont finalement pas les savants arabes qui trancheront la question. Au XIIIe siècle, l'âge d'or islamique a déjà vécu ses plus belles années et entame un lent déclin. Les raisons de ce déclin sont multiples : la domination de l'Empire arabo-musulman ne laisse pas d'attiser les convoitises et se retrouve régulièrement attaquée, tant sur le plan commercial que militaire.

En 1219, les hordes mongoles de Gengis Khan déboulent dans le Khwarezm natal d'al-Khwārizmī. En 1258, elles sont aux portes de Bagdad sous le commandement d'Houlagou Khan, petit-fils de Gengis. Le calife Al-Musta'sim doit capituler. Bagdad est pillée, brûlée et ses habitants massacrés. À la même époque, la Reconquista des territoires du sud de l'Espagne par les peuples chrétiens s'accélère. Cordoue, capitale de la région, tombe en 1236. L'Espagne est entièrement reconquise en 1492 avec la prise de Grenade et de son palais de l'Alhambra.

L'organisation scientifique du monde arabe est suffisamment décentralisée pour résister quelque temps à ces défaites. Des recherches de premier plan continueront à y être menées jusqu'au XVIe siècle, mais le vent de l'histoire tourne et l'Europe se prépare à reprendre le flambeau des mathématiques.

10
À la suite

Au cours de la période médiévale, il faut bien l'avouer, les mathématiques n'ont pas le vent en poupe en Europe. On trouve cependant quelques exceptions. Le plus grand mathématicien européen du Moyen Âge est sans doute l'Italien Leonardo Fibonacci, né à Pise en 1175 et mort en 1250 dans cette même ville.

Comment devient-on un mathématicien d'importance à cette époque en Europe ? En n'y restant pas. Le père de Fibonacci est représentant des marchands de la république de Pise à Béjaïa, dans l'actuelle Algérie. C'est là que le savant italien va recevoir son éducation et découvrir les travaux des mathématiciens arabes et notamment ceux d'al-Khwārizmī et d'Abu Kamil. De retour à Pise, il publie en 1202 le *Liber Abaci*, le *Livre des calculs*, dans lequel il présente toute une palette des mathématiques de l'époque, allant des chiffres arabes à la géométrie d'Euclide, en passant par des résultats de l'arithmétique de Diophante ou des calculs de suites numériques. C'est d'ailleurs l'une de ces suites qui va lui assurer une grande popularité dans les siècles qui suivront.

Une suite numérique est une succession de nombres qui peut se prolonger à l'infini. Nous en connaissons déjà certaines. La suite des nombres impairs (1, 3, 5, 7, 9...) ou celle des nombres carrés (1, 4, 9, 16, 25...) sont parmi les exemples les plus simples. Dans un des problèmes du *Liber Abaci*, Fibonacci cherche à modéliser mathématiquement l'évolution d'un élevage de lapins. Il considère alors les hypothèses simplifiées suivantes :

1. *Un couple de lapins n'est pas en âge de se reproduire pendant ses deux premiers mois ;*
2. *à partir de son troisième mois, un couple donne naissance à un nouveau couple tous les mois.*

De ces hypothèses, il est possible de prédire l'arbre de descendance d'un jeune couple de lapins.

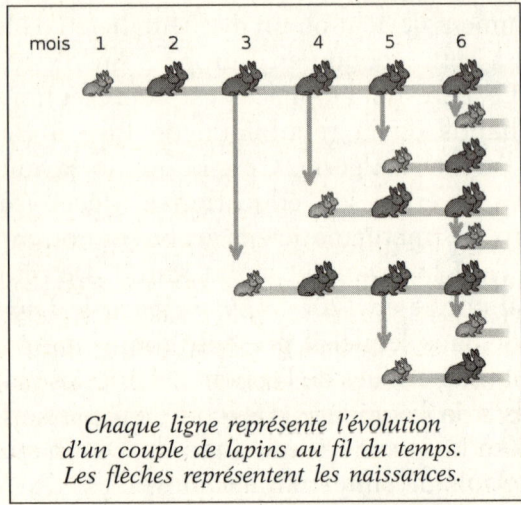

Chaque ligne représente l'évolution d'un couple de lapins au fil du temps. Les flèches représentent les naissances.

On peut alors regarder la suite formée par le nombre de couples au fil du temps. En regardant colonne par colonne, l'arbre précédent nous donne les valeurs des six premiers mois : 1, 1, 2, 3, 5, 8...

Fibonacci remarqua que chaque mois, la population de lapins était égale à la somme des deux mois précédents : 1 + 1 = 2 ; 1 + 2 = 3 ; 2 + 3 = 5 ; 3 + 5 = 8... et ainsi de suite. Cette règle s'explique. Chaque mois, le nombre de couples qui naissent, et s'ajoutent donc aux lapins déjà présents, est égal au nombre de couples en âge de procréer du mois précédent, c'est-à-dire au nombre de couples qui étaient déjà nés deux mois auparavant. Il est maintenant possible de calculer les termes de la suite sans avoir à détailler précisément la généalogie des lapins.

1, 1, 2, 3, 5, 8, 13, 21, 34, 55, 89, 144...

Pour Fibonacci, ce problème est avant tout une énigme récréative. Pourtant, la suite démographique des lapins trouvera dans les siècles suivants de multiples applications, aussi bien pratiques que théoriques.

L'un des exemples les plus frappants est sans doute son apparition en botanique. La phyllotaxie est la discipline qui étudie la façon dont les feuilles ou les différents éléments constitutifs d'un végétal s'implantent autour de son axe. Si vous observez une pomme de pin, vous constaterez que sa surface est composée d'écailles qui s'enroulent en spirales. Plus précisément, on peut compter le nombre de spirales qui tournent dans le sens des aiguilles d'une montre et le nombre de spirales qui tournent dans le sens inverse.

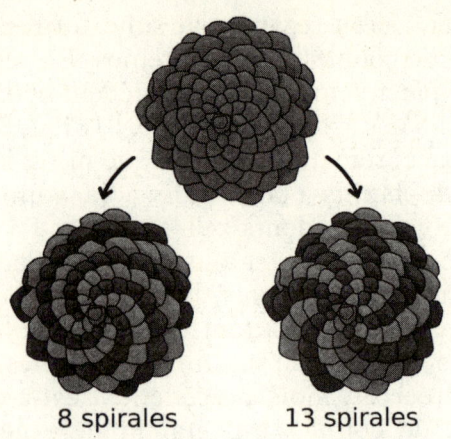

8 spirales   13 spirales

Aussi étonnant que cela puisse paraître, ces deux nombres sont toujours deux termes consécutifs de la suite de Fibonacci ! En vous promenant en forêt vous pourrez par exemple trouver des pommes de pin de type 5-8, 8-13 ou 13-21, mais jamais de 6-9 ni de 8-11. Ces spirales de Fibonacci apparaissent, de manière plus ou moins évidente, sur de nombreux autres végétaux. Si elles sont bien visibles sur les ananas ou dans les fleurons au centre des tournesols, elles sont en revanche bien moins détectables dans la forme boursouflée d'un chou-fleur. Elles sont pourtant bien là !

Le nombre d'or

Entre autres curiosités, la suite de Fibonacci va également révéler un lien très profond avec un nombre connu depuis l'Antiquité : le nombre d'or. Sa valeur est approximativement égale à 1,618 et les Grecs le considéraient comme une proportion parfaite. Comme pour le nombre π, le nombre d'or a une écriture

décimale infinie, c'est pourquoi on lui donne un nom, φ, qui se lit « phi ».
Le nombre d'or se décline en de nombreuses variantes géométriques. Un rectangle d'or est un rectangle dont la longueur est φ fois plus grande que la largeur. Les propriétés du nombre d'or font que si l'on découpe un carré dans sa largeur, alors le petit rectangle qui reste est toujours un rectangle d'or.

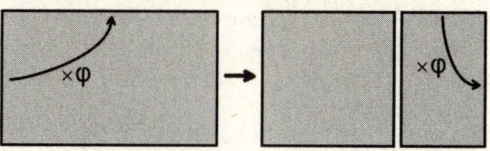

Les Grecs l'utilisèrent notamment dans leur architecture. La devanture du Parthénon à Athènes a des proportions très proches du rectangle d'or, et même s'il est difficile d'avoir des sources fiables sur la volonté des architectes, il est fort possible que ce ne soit pas un hasard. Le premier texte définissant clairement le nombre d'or et qui nous soit parvenu est le livre VI des *Éléments* d'Euclide.
On le voit également apparaître dans les pentagones réguliers : leurs diagonales et leurs côtés sont précisément dans le rapport d'or. Autrement dit, la longueur d'une des cinq diagonales est égale à la longueur d'un côté multiplié par φ.

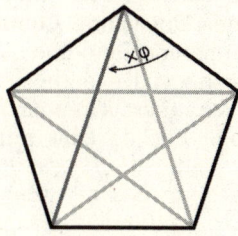

Le nombre d'or se retrouve ainsi dans toutes les structures géométriques faisant apparaître des pentagones.

C'est par exemple le cas de la géode ou des ballons de foot que nous avons déjà rencontrés.
Lorsque l'on cherche à calculer sa valeur exacte par des méthodes algébriques, on tombe sur l'équation du second degré suivante.

Le carré du nombre d'or est égal au nombre d'or augmenté de un.

La méthode d'al-Khwārizmī permet alors d'obtenir sa formule exacte. On trouve $\varphi = (1 + \sqrt{5}) \div 2 \approx 1{,}618034$[1].
Vous pouvez alors vérifier que cette valeur respecte bien l'énoncé de l'équation : $1{,}618034 \times 1{,}618034 \approx 2{,}618034$.

Mais que vient faire la suite de Fibonacci dans cette affaire ?
Si on observe la multiplication des lapins suffisamment longtemps, on constatera que chaque mois, leur nombre est approximativement multiplié par φ !
Regardons par exemple les cinquième et sixième mois. La population passe de 8 à 13 lapins, elle a donc été multipliée par $13 \div 8 = 1{,}625$. Alors certes, ce n'est pas très loin du nombre d'or, mais ce n'est pas tout à fait ça non plus. Si on regarde maintenant le passage du onzième au douzième mois, la population est multipliée par $144 \div 89 = 1{,}61797\ldots$ On se rapproche. Et on pourrait continuer. Plus le temps passe, plus le facteur multiplicatif d'un mois à l'autre se rapproche du nombre d'or !
Une fois la constatation faite, vient le temps des interrogations. Pourquoi ? Comment se fait-il que ce nombre d'apparence anodine soit présent dans trois domaines distincts des mathématiques : la géométrie, l'algèbre et les suites ? On pourrait penser, au départ, qu'il ne s'agit que de trois nombres proches mais

---

1. La notation $\sqrt{5}$ dans cette formule désigne la racine carrée du nombre 5, c'est-à-dire le nombre positif dont le carré est égal à 5. Ce nombre vaut approximativement 2,236.

> différents. Mais non : aussi précisément que l'on mesure la diagonale d'un pentagone, aussi finement que l'on calcule $(1+\sqrt{5}) \div 2$ et aussi loin que l'on aille dans la suite de Fibonacci, il faut bien se rendre à l'évidence, nous avons bien à chaque fois affaire au même nombre.
>
> Pour répondre à cette question, les mathématiciens vont devoir faire des démonstrations mixtes qui jettent des ponts entre différentes branches des mathématiques. Ce phénomène qui existait déjà entre la géométrie et l'algèbre grâce aux représentations figurées des nombres de l'Antiquité va se propager aux autres mathématiques. Certaines disciplines qui semblaient jusque-là éloignées les unes des autres vont se mettre à dialoguer. Les nombres tels que φ, au-delà de leur intérêt particulier, vont dès lors se révéler de formidables médiateurs. Au temps de Fibonacci, le nombre π ne limite encore son champ d'action qu'à la géométrie. C'est pourtant lui qui deviendra, dans les siècles suivants, le champion toutes catégories de ces nombres passerelles.

L'étude des suites permet également de jeter un éclairage nouveau sur les paradoxes de Zénon d'Élée et en particulier sur celui d'Achille et de la tortue. Souvenez-vous de la course imaginée par le savant grec : la tortue commence la course avec cent mètres d'avance sur Achille, mais ce dernier court deux fois plus vite. Dans cette situation, le paradoxe semblait montrer qu'en dépit de sa lenteur, la tortue ne pourrait jamais être dépassée.

Cette conclusion venait du découpage de la course en une infinité d'étapes. Au moment où Achille atteindra le point de départ de la tortue, celle-ci aura avancé de 50 mètres. Le temps qu'Achille parcoure ces 50 mètres, la tortue sera 25 mètres plus loin et ainsi de suite. Les écarts entre les deux coureurs à chacune de ces étapes forment une suite dont chaque terme vaut la moitié du précédent.

100 50 25 12,5 6,25 3,125 1,5625...

La suite est infinie et c'est la raison pour laquelle on pourrait en déduire faussement qu'Achille ne rattrapera jamais la tortue. Pourtant, si on additionne cette infinité de nombres, on trouve un résultat qui n'est pas du tout infini.

$$100 + 50 + 25 + 12,5 + 6,25 + 3,125 + 1,5625 + ... = 200.$$

C'est l'une des grandes curiosités des suites : l'addition d'une infinité de nombres peut être finie ! La somme précédente nous montre qu'Achille dépassera la tortue après 200 mètres de course[1].

Ces additions infinies vont également se révéler d'une grande utilité dans le calcul des nombres issus de la géométrie tels que π ou les rapports trigonométriques. Si ces nombres ne sont pas exprimables avec les opérations élémentaires classiques, il devient possible de les obtenir par des sommes

---

1. Le calcul de la somme d'une infinité de nombres se fait en utilisant la notion de limite. La méthode consiste à tronquer la somme pour ne regarder qu'un nombre fini de termes, puis à en rajouter de plus en plus pour voir de quel nombre limite ces sommes tronquées se rapprochent. Dans le cas d'Achille et de la tortue, si on ne regarde que les sept premiers termes, on trouve : 100 + 50 + 25 + 12,5 + 6,25 + 3,125 + 1,5625 = 198,4375. Si on prolonge la somme jusqu'au vingtième terme, on trouve environ 199,9998. Il est possible de démontrer qu'en ajoutant de plus en plus de termes, on se rapproche bel et bien de 200. La somme infinie vaut donc 200.

de suites. L'un des premiers à avoir exploré cette possibilité fut le mathématicien indien Madhava de Sangamagrama qui découvrit aux alentours de l'an 1500 une formule pour le nombre π :

$$\pi = \left(\frac{4}{1}\right) + \left(-\frac{4}{3}\right) + \left(\frac{4}{5}\right) + \left(-\frac{4}{7}\right) + \left(\frac{4}{9}\right) + \left(-\frac{4}{11}\right) + \left(\frac{4}{13}\right) + \cdots$$

Les termes de la suite de Madhava sont alternativement positifs et négatifs et s'obtiennent en divisant 4 par les nombres impairs successifs. Il ne faut pas croire pour autant que cette somme règle définitivement le problème de π. Une fois l'addition posée, encore faut-il en trouver le résultat. Or si certaines sommes de suites, comme celle d'Achille et de la tortue, peuvent être facilement calculées, d'autres en revanche sont particulièrement résistantes, et c'est le cas de la suite de Madhava.

Bref, cette somme infinie ne permet pas vraiment de donner une écriture décimale exacte de π, mais elle ouvre de nouvelles portes pour de meilleures approximations. Puisqu'on ne peut pas additionner d'un seul coup une infinité de termes, on peut toujours se contenter d'en prendre un nombre fini. Ainsi, en ne gardant que les cinq premiers termes, on trouve 3,34.

$$\left(\frac{4}{1}\right) + \left(-\frac{4}{3}\right) + \left(\frac{4}{5}\right) + \left(-\frac{4}{7}\right) + \left(\frac{4}{9}\right) \approx 3,34.$$

Ce n'est pas une très bonne approximation, mais qu'à cela ne tienne, allons plus loin. Si on prend les cent premiers termes, on arrive à 3,13 et après un million de termes nous sommes à 3,141592.

Alors certes, ce n'est pas très pratique d'additionner un million de termes pour n'obtenir qu'une approximation à six décimales. La suite de Madhava a le défaut de converger très lentement. Plus tard, d'autres mathématiciens tels que le Suisse Leonhard Euler au XVIIIe siècle ou l'Indien Srinivas Ramanujan au XXe siècle découvriront une multitude d'autres suites dont la somme est égale à π, mais qui s'en rapprochent beaucoup plus rapidement. Ces méthodes remplaceront peu à peu la méthode d'Archimède et permettront de calculer toujours plus de décimales.

Les rapports trigonométriques aussi ont leurs suites. Voici par exemple la somme pour le cosinus d'un angle donné.

$$\text{cosinus} = 1 - \frac{\text{angle}^2}{1 \times 2} + \frac{\text{angle}^4}{1 \times 2 \times 3 \times 4} - \frac{\text{angle}^6}{1 \times 2 \times 3 \times 4 \times 5 \times 6} + \cdots$$

Pour trouver la valeur du cosinus, il suffit de remplacer « angle » par la mesure de l'angle en question[1]. Des formules similaires existent pour les sinus, les tangentes ainsi que pour une multitude d'autres nombres particuliers apparus dans différents contextes.

---

1. Attention toutefois, pour que la formule fonctionne, l'angle ne doit pas être mesuré en degré, mais en radian. Avec cette nouvelle unité, un tour complet ne fait plus 360°, mais 2π radians. Cela peut sembler étrange et pourtant, c'est avec cette unité que les formules trigonométriques et les suites qui leur sont associées fonctionnent correctement.

Aujourd'hui, les suites continuent d'avoir de multiples applications. Dans le sillage de Fibonacci, elles sont toujours utilisées en dynamique des populations pour étudier l'évolution d'espèces animales au cours du temps. Les modèles actuels sont toutefois beaucoup plus précis et tiennent compte d'une multitude de paramètres tels que la mortalité, les prédateurs, le climat ou plus généralement la variabilité des écosystèmes dans lesquels les animaux vivent. Plus généralement, les suites interviennent dans la modélisation de tout processus qui évolue étape par étape au cours du temps. Informatique, statistiques, économie ou encore météorologie sont autant de domaines qui leur font appel.

11

Les mondes imaginaires

Au début du XVIᵉ siècle, les graines semées par Fibonacci commencent à porter leurs fruits avec l'émergence d'une nouvelle génération de mathématiciens. Ces derniers vont reprendre à leur compte les recherches algébriques initiées par les savants arabes. Ce sont eux qui vont finalement venir à bout des équations du troisième degré au terme d'une affaire des plus rocambolesques.

Cette histoire débuta au début du XVIᵉ siècle avec un homme d'affaires et professeur d'arithmétique de l'université de Bologne du nom de Scipione Del Ferro. Del Ferro s'intéresse à l'algèbre et il fut le tout premier à découvrir les formules de résolution du troisième degré. Hélas ! à cette époque, l'esprit de diffusion des connaissances qui régnait dans le monde arabe n'avait pas encore cours en Europe. Régulièrement, l'université de Bologne remettait en jeu ses différents postes de professeurs. Pour rester le meilleur et garder sa place, Del Ferro avait tout intérêt à ce que ses concurrents ne connaissent pas son secret. Il rédigea sa découverte, mais ne la publia pas. Tout juste la révéla-t-il à une poignée de disciples qui, comme lui, la gardèrent confidentielle.

Lorsque le mathématicien bolonais mourut en 1526, la communauté mathématique italienne ignorait donc encore que les équations du troisième degré avaient été résolues. Beaucoup d'entre eux continuaient même à penser qu'elles n'étaient tout simplement pas résolubles. Pourtant, l'un des disciples de Del Ferro du nom d'Antonio Maria Del Fiore, mis dans la confidence par son maître, ne put pas s'empêcher de faire le malin. Il se mit à lancer aux autres mathématiciens du pays des défis consistant essentiellement à résoudre des équations de degré trois. Bien entendu, il gagnait à tous les coups. La rumeur de l'existence d'une solution commença alors doucement à se répandre.

En 1535, c'est un savant vénitien du nom de Niccolo Fontana Tartaglia qui fut mis au défi par Del Fiore. Tartaglia avait alors 35 ans et n'avait pas encore publié d'ouvrages scientifiques importants. Del Fiore ignorait donc qu'il venait de s'adresser à celui qui allait devenir l'un des meilleurs mathématiciens de sa génération. Les deux savants s'adressèrent mutuellement une liste de trente questions pour un enjeu de trente banquets offerts par le vaincu au vainqueur ! Pendant plusieurs semaines, Tartaglia se cassa les dents sur les problèmes du troisième degré envoyés par Del Fiore, mais quelques jours seulement avant l'échéance, il parvint à son tour à trouver les formules ! Il résolut alors les trente problèmes en quelques heures et remporta haut la main le défi.

L'histoire aurait pu s'arrêter là, seulement voilà : Tartaglia refusa à son tour de rendre sa méthode publique. La situation en resta là pendant encore quatre ans.

C'est alors que l'affaire remonta aux oreilles d'un mathématicien et ingénieur milanais du nom de Girolamo Cardano. Son nom francisé de Jérôme Cardan parlera sans doute aux amateurs de mécanique : il est entre autres l'inventeur des joints de Cardan qui, dans nos voitures, transmettent la rotation du moteur jusqu'aux roues. Jusque-là, Cardano avait été de ceux qui pensaient impossible la résolution des équations du troisième degré. Intrigué par le défi remporté par Tartaglia, il tenta alors de se rapprocher de ce dernier. Au début 1539, il lui fit envoyer huit problèmes à résoudre en lui demandant de lui transmettre sa méthode. Tartaglia refusa catégoriquement. Le savant milanais se fâcha et tenta alors une manœuvre d'intimidation en appelant l'ensemble des algébristes du pays à dénoncer l'arrogance de leur collègue. Tartaglia ne céda pas.

C'est finalement par la ruse que Cardano parvint à ses fins. Il fit savoir à Tartaglia que le marquis d'Alvaos, gouverneur de Milan, souhaitait le rencontrer. À Venise, Tartaglia se trouvait alors dans une situation précaire et avait bien besoin d'un protecteur. Il accepta de se rendre à

Milan où l'entrevue fut prévue le 15 mars 1539 dans la maison même de Cardano. Tartaglia attendit le gouverneur en vain pendant trois jours. Ce temps fut suffisant à Cardano pour venir à bout de sa méfiance. Au terme d'inlassables négociations, Tartaglia finit par céder à la condition que Cardano jure de ne jamais publier sa méthode. Le serment fut prêté, les formules furent livrées.

De retour à Milan, Cardano se mit à disséquer les formules. La méthode fonctionnait à merveille, mais il lui manquait tout de même une chose : une démonstration. Jusqu'à présent, aucun des mathématiciens concernés n'était parvenu à prouver de façon rigoureuse que leurs formules fonctionnaient bien à tous les coups. C'est à cette tâche que s'attela Cardano dans les années qui suivirent. Il finit par y arriver et l'un de ses élèves, Ludovico Ferrari, parvint même à généraliser la méthode pour résoudre les équations du quatrième degré ! Mais engagés par le serment de Milan, les deux mathématiciens ne pouvaient pas publier leurs résultats.

Cardano ne lâcha pourtant pas l'affaire. En 1542, il se rendit à Bologne avec Ferrari pour y rencontrer Hannibale Della Nave, un autre ancien disciple de Scipione Del Ferro. À eux trois, ils parvinrent à remettre la main sur les anciennes notes de ce dernier et constatèrent que c'était bien lui qui avait été le premier à trouver les formules. Dès lors, Cardano s'estima libéré de son serment. Il publia en 1547 l'*Ars Magna*, ou l'*Art majeur*, un ouvrage qui révéla enfin au monde la méthode de résolution du troisième degré. Tartaglia, furieux, insulta violemment Cardano et publia sa propre version de l'histoire. Trop tard. Cardano était devenu aux yeux du monde celui qui avait vaincu le troisième degré et c'est sous le nom de formules de Cardan qu'est encore connue la méthode aujourd'hui.

Quelques détails de l'*Ars Magna* vont toutefois susciter un certain scepticisme auprès des algébristes de l'époque. Dans plusieurs cas, les formules de Cardan semblent nécessiter le calcul de racines carrées de nombres négatifs. Au détour d'une équation, on peut par exemple voir apparaître la racine de -15, qui, par définition, est censée être un nombre dont le carré vaut -15. Or cela est absolument impossible en vertu de la règle des signes de Brahmagupta. Le carré d'un nombre positif est positif, mais le carré d'un nombre négatif est aussi positif ! Par exemple, $(-2)^2 = (-2) \times (-2) = 4$. Aucun nombre multiplié par lui-même ne peut donner -15. Bref, les racines carrées qui apparaissent dans le calcul de ces solutions n'existent tout simplement pas. Oui, mais voilà, en utilisant ces nombres inexistants comme étapes intermédiaires, la méthode de Cardan parvient tout de même à tomber sur le bon résultat ! Bizarre et intrigant.

C'est un autre mathématicien de Bologne, Rafael Bombelli, qui va se pencher sur ce problème et suggérer que les racines des quantités négatives pourraient bien être une toute nouvelle espèce de nombres. Des nombres ni positifs, ni négatifs ! Des nombres d'une nature étrange et inédite dont rien jusqu'à ce jour n'avait laissé supposer l'existence. Après l'arrivée du zéro et des négatifs, la grande famille des nombres se trouvait à nouveau sur le point de s'agrandir.

À la fin de sa vie, Bombelli rédigea son œuvre majeure, l'*Algebra opera*, qu'il publia l'année de sa mort en 1572. Il y reprit les découvertes de l'*Ars Magna* et y introduisit ces nouvelles créatures qu'il appelle des nombres sophistiqués. Bombelli fait pour elles ce que Brahmagupta avait fait en son temps avec les négatifs. Il liste l'ensemble des règles de calculs qui régissent les sophistiqués et font notamment que leur carré est négatif.

Les sophistiqués de Bombelli ont un destin assez semblable à celui des nombres négatifs. Eux aussi vont générer leur lot de sceptiques et d'incrédules. Eux aussi pourtant finiront par s'imposer tant leur puissance va révolutionner le monde des mathématiques. Parmi les sceptiques convertis, on trouve au début du XVIIe siècle le mathématicien et philosophe français René Descartes. C'est lui qui donnera à ces nouveaux venus le nom sous lequel nous les connaissons encore aujourd'hui : les nombres imaginaires.

Il faudra encore deux siècles avant que les imaginaires soient pleinement acceptés par l'ensemble de la communauté mathématique. Ils vont dès lors devenir incontournables dans la science moderne. Au-delà des équations, ces nombres vont trouver de multiples applications en sciences physiques, notamment dans l'étude de tous les phénomènes ondulatoires que l'on rencontre par exemple en électronique ou en physique quantique. Sans eux, de nombreuses innovations technologiques modernes n'auraient pas été possibles.

Pourtant, contrairement aux négatifs, les nombres imaginaires restent largement méconnus en dehors des cercles scientifiques. Ils vont contre l'intuition, sont difficiles à concevoir et ne représentent pas de phénomènes physiques simples. Si les négatifs pouvaient encore se comprendre comme une dette ou un déficit, avec les imaginaires, il faut définitivement renoncer à penser les nombres comme des quantités. Impossible de leur donner un sens applicable à la vie de tous les jours et de compter avec eux des pommes ou des moutons.

Les nombres imaginaires vont lentement débarrasser les mathématiciens de leurs ultimes complexes. Après tout, s'il suffit d'accepter l'existence de racines carrées négatives pour créer une nouvelle espèce de nombres, pourquoi ne pourrait-on pas aller encore plus loin ? Ne serait-il pas possible de rajouter à volonté de nouveaux nombres à condition de préciser leurs propriétés arithmétiques. Ne pourrait-on pas même inventer de nouvelles structures algébriques totalement indépendantes des nombres classiques ?

Au XIXe siècle, les derniers a priori qui subsistaient encore sur ce que doivent être les nombres sont abolis. Dès lors, une structure algébrique devient simplement une construction mathématique composée d'éléments (que l'on peut appeler des nombres dans certains contextes, mais pas toujours) et d'opérations que l'on peut faire sur ces éléments (que l'on peut appeler addition, multiplication, etc. dans certains contextes, mais pas toujours).

Cette nouvelle liberté va engendrer une formidable explosion créatrice. De nouvelles structures algébriques plus ou moins abstraites sont découvertes, étudiées, classifiées. Devant l'ampleur de la tâche, les mathématiciens d'Europe, puis du monde, s'organisent, échangent, collaborent. Aujourd'hui encore, de nombreuses recherches algébriques continuent d'être menées tout autour du globe et de nombreuses conjectures restent à démontrer.

> ##### Inventez votre théorie mathématique
>
> Vous rêvez d'avoir un théorème à votre nom, à l'instar de Pythagore, de Brahmagupta ou d'al-Kashi ? Ça tombe bien, je vous propose maintenant de créer et d'étudier votre propre structure algébrique. Pour cela, vous allez avoir besoin de deux ingrédients : une liste d'éléments et une opération permettant de les composer.
> Prenons par exemple huit éléments que nous noterons avec les symboles suivants : ♥, ♦, ♣, ♠, ♪, ♫, ▲ et ☼.
> Il nous faut également un signe pour notre opération, prenons par exemple ✳ qu'en hommage au savant italien nous appellerons une bombelliation. Afin de déterminer le résultat de la bombelliation de deux éléments, il nous faut maintenant établir la table de cette opération. Traçons un tableau de huit lignes et huit colonnes correspondant à nos huit éléments et remplissons-le comme bon nous semble en mettant l'un des éléments dans chaque case.

Voilà ! Votre théorie est prête, il ne reste plus qu'à l'étudier. En regardant la deuxième ligne et la quatrième colonne, vous pouvez par exemple voir qu'en bombelliant ♦ par ♠, on obtient ☼. Autrement dit, ♦✳♠=☼. Vous pouvez même résoudre des équations dans votre théorie. Voyez celle-ci :

Trouver un nombre qui donne ♫ si on le bombellie avec ♣.

Pour trouver d'éventuelles solutions, il suffit de jeter un œil à notre tableau. On constate qu'il y a deux solutions : ♦ et ♪, car ♦✳♣ = ♫ et ♪✳♣ = ♫.
Il faut cependant se méfier, car dans notre nouvelle théorie, certaines propriétés auxquelles nous sommes habitués peuvent devenir fausses. Par exemple, le résultat peut ne pas être le même selon l'ordre dans lequel on bombellie deux éléments : ♥✳♦ = ♪ alors que ♦✳♥ = ♦. On dit dans ce cas-là que l'opération n'est pas commutative.

Avec un peu d'observation, vous pourrez tout de même découvrir quelques propriétés un peu plus générales. Par exemple, en bombelliant un élément avec lui-même, on retombe toujours sur lui-même : ♥∗♥=♥, ♦∗♦=♦, ♣∗♣=♣, et ainsi de suite. Ce résultat mérite bien le titre de premier théorème de notre théorie ! Bref, vous avez compris le principe. Si vous voulez vos propres théorèmes, à vous de jouer. Vous pouvez bien sûr prendre le nombre d'éléments que vous souhaitez. Une infinité, même, si cela vous tente. Vous pouvez définir des notations plus complexes, comme c'est le cas pour les nombres entiers qui n'ont pas chacun leur symbole, mais s'écrivent à partir des dix chiffres indiens. Vous pourrez ensuite rajouter des règles de calcul qui serviront d'axiomes à votre théorie. Il est par exemple possible d'annoncer dans la définition de votre structure algébrique que l'opération est commutative.

Bon, on ne va pas se mentir, en s'y prenant de cette manière, il y a tout de même peu d'espoirs que votre théorie passe à la postérité. Tous les modèles mathématiques ne se valent pas ! Certains sont plus utiles et plus importants que d'autres. En créant votre table d'opération au hasard, il y a de fortes chances pour que le vôtre soit tout à fait inintéressant. Et si jamais il ne l'était pas, il y aurait alors tout à parier qu'un autre mathématicien l'ait déjà étudié avant vous.
Parce que bon, il ne faut tout de même pas exagérer, mathématicien, c'est un métier !

Comment reconnaître une théorie intéressante ? Tout au long de l'histoire, deux critères ont principalement guidé les mathématiciens dans leurs explorations. Le premier, c'est l'utilité, le second, c'est la beauté.

L'utilité est sans doute le point le plus évident. Servir à quelque chose fut la raison première des mathématiques. Les nombres sont utiles car ils permettent de compter et de faire du commerce. La géométrie permet de mesurer le monde. L'algèbre permet de résoudre des problèmes de la vie quotidienne.

La beauté quant à elle peut sembler un critère plus flou et moins objectif. Comment une théorie mathématique peut-elle être belle ? Cela peut davantage se comprendre en géométrie où certaines figures peuvent s'apprécier visuellement comme des œuvres d'art. C'est le cas des frises des Mésopotamiens, des solides de Platon ou des pavages de l'Alhambra. Mais en algèbre ? Une structure algébrique peut-elle vraiment être belle ?

J'ai longtemps cru que le privilège d'être touché par l'élégance ou la poésie des objets mathématiques était une affaire de spécialistes, de privilégiés, que seuls les amateurs éclairés, ceux qui ont passé suffisamment de temps à étudier, à disséquer, à digérer les théories dans leurs détours les plus infimes, ceux qui ont développé avec les concepts abstraits une intimité mûre et profonde, pouvaient saisir. J'avais tort et j'ai eu depuis maintes occasions de constater que ce sentiment d'élégance peut apparaître aux parfaits néophytes et même aux tout jeunes enfants.

Un des exemples les plus frappants m'est apparu un jour où j'animais des ateliers de recherche avec une classe de CE1. Les enfants avaient aux alentours de 7 ans. Ils avaient à manipuler des triangles, carrés, rectangles, pentagones, hexagones et bien d'autres formes qu'ils avaient pour mission de trier selon des critères de leur choix. Il était alors apparu que nous pouvions pour chacune de ces figures compter son nombre de côtés ainsi que son nombre de sommets. Les triangles ont 3 côtés et 3 sommets, les carrés ou les rectangles ont 4 côtés et 4 sommets, et ainsi de suite. En dressant cette liste, les enfants avaient rapidement mis au jour un théorème : un polygone possède toujours autant de côtés que de sommets.

La semaine suivante, voilà que pour les mettre au défi, nous ramenons des figures plus biscornues, dont une ayant la forme suivante.

Se pose alors la question : combien de côtés et combien de sommets ? Et voilà que la majorité de la classe répond 4 côtés et 3 sommets. Cet angle inversé en dessous de la figure n'a pas une tête de sommet. Il n'est pas pointu. On ne peut pas faire rouler la figure dessus. Il est en creux plutôt qu'en bosse. Bref, cet angle rentrant ne rentrait pas dans l'idée préalable qu'ils s'étaient faite d'un sommet. Leur demander d'appeler ce point sommet, c'était leur demander de donner le même nom à des choses différentes ! Quelle idée ! Des discussions s'engagent. Tous les enfants ne sont pas d'accord sur le statut de ce nouveau point. Faut-il lui donner un autre nom ? Faut-il l'ignorer complètement ? Il y a des arguments pour et des arguments contre, mais dans l'ensemble, aucun ne paraît convaincre la majorité.

Et puis tout d'un coup, un enfant se souvient du théorème. Si cela n'est pas un sommet, nous ne pouvons plus dire que tout polygone a autant de côtés que de sommets. À mon grand étonnement, ce fut cet argument qui en un instant fit basculer la classe. En quelques secondes, tout le monde fut d'accord : il fallait que ce point prenne le nom de sommet. Il fallait sauver le théorème, fût-ce au prix de nos préjugés. Il aurait été trop dommage que cet énoncé si simple et si limpide dût avoir des exceptions. Voilà l'apparition la plus précoce dont je fus témoin d'un sentiment d'élégance mathématique chez de jeunes enfants.

Les « sauf » ne sont pas beaux. Les exceptions font mal au cœur. Plus un énoncé est simple et sa portée grande, plus il nous donne l'impression de toucher du doigt quelque chose de profond. La beauté en mathématiques peut prendre plusieurs formes qui toutes se manifestent par ce rapport troublant de la complexité des objets étudiés à la simplicité de leur formulation. Une belle théorie est une théorie économe, sans déchets, sans exceptions arbitraires, ni distinctions inutiles. C'est une théorie qui dit beaucoup en peu, qui fixe l'essentiel en quelques mots, qui va droit à l'impeccable.

Si l'exemple des polygones reste élémentaire, cette impression d'élégance ne fait qu'augmenter à mesure que les théories grandissent tout en gardant un ordre qui se réduit à quelques règles simples. C'est encore plus troublant lorsqu'une nouvelle théorie que l'on pourrait penser plus complexe que l'ancienne se révèle en réalité bien plus ajustée et harmonieuse. Les nombres imaginaires en sont une parfaite illustration.

Souvenez-vous des équations du second degré. D'après la méthode d'al-Khwārizmī, il était possible que ces équations aient deux solutions, mais il était également possible qu'elles n'en aient qu'une seule, voire qu'elles n'en aient pas du tout. Cela est valable si l'on ne considère que les solutions ne faisant pas intervenir les nombres imaginaires. Si l'on tient compte de ces derniers, la règle se simplifie considérablement : toutes les équations du second degré ont deux solutions ! Quand al-Khwārizmī prétendait qu'une équation n'avait pas de solution, c'est tout simplement parce qu'il était bloqué dans un ensemble trop étroit de nombres. Ses deux solutions étaient imaginaires.

Mais il y a mieux. Grâce aux nombres imaginaires, toutes les équations du troisième degré ont trois solutions, toutes les équations du quatrième degré ont quatre solutions et ainsi de suite. Bref, la règle est : une équation a autant de solutions que son degré. Ce résultat fut conjecturé au XVIIIe siècle avant d'être démontré au début du XIXe par le mathématicien allemand Carl Friedrich Gauss. On le nomme aujourd'hui le théorème fondamental de l'algèbre.

Plus de mille ans après le traité d'al-Khwārizmī, après tous les déboires du troisième degré, après les difficultés à concevoir des équations au-delà du quatrième degré sans représentation géométrique, qui aurait cru que tout finirait par tenir dans une simple règle de neuf mots ? Une équation a autant de solutions que son degré.

Voilà le prodige des imaginaires ! Et les équations ne sont pas les seules à en profiter. Dans le monde imaginaire, de nombreux théorèmes s'énoncent soudain avec une concision et une élégance à couper le souffle. Toutes les pièces du puzzle mathématique semblent s'y emboîter à merveille. Bombelli ne se doutait probablement pas qu'en légitimant ses nombres « sophistiqués », il ouvrait timidement la porte d'un véritable paradis pour des générations de mathématiciens.

Dans les nouvelles structures algébriques qui vont éclore au XIXe siècle, les mathématiciens recherchent ce même genre de propriétés. Des règles générales, des symétries, des analogies, des résultats qui s'enchaînent et se complètent à la perfection. La petite théorie que nous avons inventée précédemment est bien loin de remplir ces critères pour devenir intéressante. Elle est parfaitement aléatoire et quasiment tout y est cas particulier. Pas de grandes règles générales sur les équations, ni sur les propriétés de son opération. Tant pis.

Parmi les grands noms de l'algèbre moderne, se trouve le Français Évariste Galois, génie précoce qui mourut à l'âge de 21 ans en 1832 à la suite d'un duel mais qui, dans sa courte existence, trouva tout de même le temps d'apporter sa pierre à l'histoire des équations. Galois parvint à prouver qu'à partir du degré cinq, les solutions de certaines équations ne pouvaient plus se calculer par des formules similaires à celles d'al-Khwārizmī ou de Cardan qui n'utilisent que les quatre opérations, des puissances et des racines. Pour sa démonstration particulièrement brillante, il créa sur mesure de nouvelles structures algébriques qui continuent d'être étudiées de nos jours sous le nom de groupes de Galois.

Mais celle qui fut peut-être la plus prolifique dans l'art de déduire de grands résultats algébriques à partir d'un nombre restreint d'axiomes élémentaires est la mathématicienne allemande Emmy Noether. De 1907 à sa mort, en 1935, Noether publia près d'une cinquantaine d'articles d'algèbre dont certains révolutionnèrent la discipline par le choix de ses structures algébriques et les théorèmes qu'elle en déduisit. Elle étudia principalement ce que nous nommons aujourd'hui des anneaux, des corps et des algèbres[1], c'est-à-dire des structures possédant respectivement trois, quatre et cinq opérations reliées par des propriétés bien choisies.

L'algèbre est alors entrée dans des sphères d'abstraction face auxquelles ce modeste livre doit céder le pas aux cours universitaires et aux ouvrages académiques.

---

1. Le mot « algèbre » désigne à la fois la discipline tout entière et un type particulier de structure algébrique.

12

Un langage pour les mathématiques

L'Europe du XVIᵉ siècle est bouillonnante. La Renaissance a débordé d'Italie et voilà qu'elle inonde tout le continent. Les innovations s'enchaînent et les découvertes se multiplient. À l'ouest, au-delà de l'Atlantique, les navires espagnols ont découvert un nouveau monde. Et tandis que les explorateurs s'élancent, toujours plus nombreux, en quête de terres lointaines, les intellectuels humanistes, dans leurs bibliothèques, remontent le temps et redécouvrent les grands textes de l'Antiquité. Sur le plan religieux aussi, les traditions sont bousculées. La réforme protestante menée par Martin Luther et Jean Calvin connaît un succès grandissant et les guerres de Religion vont faire rage dans la seconde moitié du siècle.

La propagation de ces nouvelles idées est largement soutenue par l'arrivée d'une toute nouvelle invention mise au point dans les années 1450 par l'Allemand Johannes Gutenberg : l'imprimerie à caractères mobiles. Grâce à ce procédé, il est maintenant possible d'imprimer très rapidement de nombreux exemplaires d'un livre et de le diffuser à grande échelle. Dès 1482, les *Éléments* d'Euclide furent le premier ouvrage mathématique à passer sous les presses à Venise. Le procédé connaît un succès fulgurant ! Au début du XVIe siècle, plusieurs centaines de villes possèdent leur imprimerie et des dizaines de milliers d'ouvrages ont déjà été imprimés.

Les sciences prennent une part active à ces bouleversements. En 1543, l'astronome polonais Nicolas Copernic publie *De Revolutionibus Orbium Coelestium*, ou *Des révolutions des sphères célestes*. Coup de tonnerre ! Balayant d'un revers de main le système astronomique de Ptolémée, Copernic affirme que c'est la Terre qui tourne autour du Soleil et non l'inverse ! Dans les années qui suivent, Giordano Bruno, Johannes Kepler ou encore Galileo Galilei lui emboîtent le pas, imposant l'héliocentrisme comme nouveau modèle cosmologique de référence. Cette révolution ne manqua pas d'attirer sur les savants qui la portèrent les foudres de l'Église catholique qui, après avoir encouragé un temps l'essor des sciences, se trouva fort dépourvue quand ses dogmes s'en trouvèrent démentis. Si Copernic avait eu la présence d'esprit de ne publier ses travaux que peu de temps avant sa mort, Bruno en revanche sera brûlé en place publique à Rome et Galilée contraint d'abjurer devant le tribunal de l'Inquisition. La légende raconte qu'en sortant de la salle de procès, le savant italien murmura entre ses lèvres ces quatre mots devenus célèbres : « E pur si muove ! » Et pourtant, elle tourne !

Les mathématiques suivent le mouvement et débarquent peu à peu dans les grands royaumes de l'Ouest européen. Et en particulier en France.

Bien sûr, des mathématiques avaient été pratiquées sur le territoire français avant cette période. Les Gaulois avaient leur système de numération en base vingt dont la prononciation de notre 80, « quatre-vingts », est sans doute un vestige. Les Romains qui occupèrent la Gaule, quoiqu'ils ne fussent pas de grands mathématiciens, maîtrisaient suffisamment les chiffres pour administrer efficacement leur gigantesque empire. Il en fut de même des Francs, Mérovingiens, Carolingiens et Capétiens qui se succédèrent au fil du Moyen Âge. Jamais cependant la France n'avait eu de mathématiciens de premier plan. Jamais encore il ne s'était découvert dans l'hexagone de théorèmes ou de résultats majeurs qui ne l'aient été déjà dans une autre partie du monde.

Puisque les mathématiques débarquent en France, c'est l'occasion pour moi de prendre la route. Direction la Vendée. C'est dans l'ouest du pays que j'ai aujourd'hui rendez-vous avec le premier grand mathématicien français de la Renaissance : François Viète.

Le village de Foussais-Payré, à douze kilomètres de Fontenay-le-Comte, est chargé d'histoire. Les premières traces d'occupation du site remontent à l'époque gallo-romaine, mais c'est à la Renaissance que le village va connaître une période de grande prospérité. Les artisans et les marchands viennent s'y installer en nombre et leurs affaires sont florissantes. Le commerce de la laine, du lin et du cuir fait leur réputation aux quatre coins du royaume. Aujourd'hui encore, de nombreuses constructions de cette époque ont été remarquablement conservées. Pour son millier d'habitants, le village compte pas moins de quatre bâtiments classés monuments historiques et de nombreuses autres demeures anciennes.

Au nord du village, on croise le lieu-dit de La Bigotière, ancienne métairie dont François Viète hérita de son père et qui lui valut son titre de sieur de La Bigotière. Dans la rue centrale se trouve l'auberge Sainte-Catherine, ancienne propriété de la famille où Viète aimait à passer du temps dans son adolescence. Il y a pour moi quelque chose de très émouvant à pénétrer dans ces murs qui virent grandir le premier grand mathématicien du pays. Sans doute le jeune François passa-t-il de nombreuses soirées d'hiver au coin de cette gigantesque cheminée qui trône au cœur de la pièce principale, aujourd'hui reconvertie en salle de restauration. Serait-ce à la chaleur de ce feu que prirent les premières braises de ses pensées mathématiques ?

Viète ne demeura pas toute sa vie à Foussais-Payré. Après des études de droit à Poitiers, il voyagea à Lyon où il fut présenté au roi Charles IX, puis passa quelque temps à La Rochelle avant de partir s'installer à Paris.

Les guerres de Religion sont alors à leur paroxysme. La famille de François elle-même est divisée sur la question. Son père, Étienne Viète, s'est converti au protestantisme, tandis que ses deux oncles sont restés catholiques. François demeure indifférent à ces débats et ne dévoilera jamais ses convictions profondes. Il fut tour à tour avocat de grandes familles protestantes et haut dignitaire du royaume. Ces tergiversations ne le font pas toujours voir d'un bon œil et il traversera plusieurs périodes de disgrâce. Lors de la nuit de la Saint-Barthélemy en 1572, il se trouve à Paris, mais échappe au massacre. Tous n'eurent pas cette chance. Pierre de La Ramée, qui avait été le premier à introduire les mathématiques à l'université de Paris, et dont les travaux avaient eu une forte influence sur Viète, est assassiné le 26 août.

En parallèle de ses charges officielles, Viète pratique les mathématiques en amateur. Il connaît bien sûr Euclide, Archimède et les savants de l'Antiquité dont la Renaissance redécouvre les textes. Il s'intéresse également aux savants italiens et est l'un des premiers à lire l'*Algebra Opera* de Bombelli, dont la publication était alors passée plutôt inaperçue. Le mathématicien français restera cependant du côté des dubitatifs quant à l'introduction des nombres sophistiqués. Toute sa vie, Viète publiera ses ouvrages mathématiques à ses frais pour les offrir à qui lui semble digne de les lire. Il s'intéresse à l'astronomie, à la trigonométrie ou encore à la cryptographie.

C'est en 1591 que Viète publie ce qui va devenir son œuvre principale : *In artem analyticem isagoge*, ou l'*Introduction à l'art analytique*, souvent nommé par le seul nom d'*Isagoge*. Étrangement, ce n'est pas pour les théorèmes ou les démonstrations mathématiques qu'il y développe que l'*Isagoge* fera date, mais pour la façon dont ces résultats sont formulés. Viète va être le principal instigateur de l'algèbre nouvelle qui va faire surgir, en quelques décennies, un tout nouveau langage mathématique.

Pour comprendre sa démarche, il faut nous replonger dans les ouvrages mathématiques des temps antérieurs. Si les théorèmes géométriques d'Euclide ou les méthodes algébriques d'al-Khwārizmī sont encore très utiles de nos jours, la façon de les exprimer s'est radicalement transformée. Les savants anciens n'avaient pas de langage spécifique pour écrire les mathématiques. Tous les symboles qui nous sont si familiers tels que ceux utilisés pour les quatre opérations élémentaires, +, −, × et ÷, ne furent inventés qu'à la Renaissance. Pendant près de cinq millénaires, des Mésopotamiens aux Arabes en passant par les Grecs, les Chinois et les Indiens, les formules mathématiques squattèrent le vocabulaire courant des langues dans lesquelles elles étaient écrites.

Les livres d'al-Khwārizmī et des algébristes de Bagdad sont ainsi entièrement écrits en langue arabe et sans aucun symbolisme. Dans leurs ouvrages, certains raisonnements pouvaient alors s'étendre sur plusieurs pages alors même que quelques lignes suffisent de nos jours. Souvenez-vous de l'équation du second degré suivante présentée dans son *al-jabr* :

Le carré d'un nombre plus vingt et un est égal à dix fois ce nombre.

Voici la façon dont al-Khwārizmī détaillait sa résolution :

> *Les Carrés et les Nombres sont égaux aux Racines ; par exemple, « un carré et vingt et un en nombres sont égaux à dix racines du même carré ». C'est-à-dire, quel doit être la quantité d'un carré qui, quand vingt et un dirhams lui sont ajoutés, devient égal à l'équivalent de dix racines de ce carré ? Solution : Prenez la moitié du nombre de racines ; la moitié est cinq. Multipliez-la par elle-même ; le produit est vingt-cinq. Retranchez à ceci le vingt et un qui est associé au carré ; le reste est quatre. Extrayez sa racine ; c'est deux. Retranchez cela de la moitié des racines qui est cinq ; il reste trois. Cela est la racine du carré que vous recherchez et le carré est neuf. Vous pourriez aussi ajouter la racine à la moitié des racines ; la somme est sept ; cela est la racine du carré que vous cherchez et le carré lui-même vaut quarante-neuf.*

Un tel texte reste aujourd'hui bien fastidieux à lire, même pour les étudiants qui maîtrisent parfaitement la méthode dont il est question. Sa résolution aboutit à deux solutions : 9 et 49.

L'algèbre rhétorique, comme on l'appellera plus tard, est non seulement très longue à écrire, mais elle souffre en plus de certaines ambiguïtés de la langue qui peuvent donner à une même phrase plusieurs interprétations. Avec la complexification des raisonnements et des démonstrations, ce mode d'écriture va progressivement se révéler épouvantable à manipuler.

À ces difficultés, s'ajoutent parfois celles que les mathématiciens s'imposent à eux-mêmes. On trouve ainsi régulièrement des mathématiques écrites en vers. Ce phénomène est souvent résiduel d'une tradition orale dans laquelle l'apprentissage par cœur est facilité par la forme poétique. Quand Tartaglia transmet sa méthode de résolution du troisième degré à Cardano, il la rédige en italien et en alexandrins ! Évidemment, la démonstration perd en clarté ce qu'elle gagne en poésie et l'on peut légitimement soupçonner Tartaglia, dont on sait la réticence à divulguer sa preuve, d'en avoir volontairement brouillé la compréhension. En voici un extrait traduit en français.

Quand le cube et les choses
Se trouvent égalés au nombre
Trouves-en deux autres qui diffèrent de celui-ci.
Ensuite comme il est habituel
Que leur produit soit égal
Au cube du tiers de la chose.
Puis dans le résultat général,
De leurs racines cubiques bien soustraites,
Tu obtiendras ta chose principale.

Plutôt obscur, non ? Ce que Tartaglia appelle la chose, c'est précisément le nombre recherché, l'inconnue. La présence de cubes dans ce texte marque bien que nous avons affaire à une équation du troisième degré. Cardano lui-même, une fois en possession du poème, éprouvera les plus grandes difficultés à le déchiffrer.

Pour faire face à cette complexité croissante, les mathématiciens vont peu à peu commencer à simplifier le langage algébrique. Ce processus commence en Occident musulman dans les derniers siècles du Moyen Âge, mais c'est surtout en Europe entre les XVe et XVIe siècles que le mouvement va prendre toute son ampleur.

Dans un premier temps, de nouveaux mots spécifiques aux mathématiques firent leur apparition. Ainsi, le mathématicien gallois Robert Recorde proposa au milieu du XVIe siècle une nomenclature de certaines puissances du nombre inconnu, basée sur un système de préfixes pouvant multiplier les puissances aussi loin que souhaité. Le carré de l'inconnue est par exemple appelé zenzike, sa puissance sixième zenzicubike et sa puissance huitième zenzizenzizenzike.

Et puis, peu à peu, commencent à fleurir un peu partout et en ordre dispersé des symboles tout nouveaux qui nous semblent pourtant si familiers aujourd'hui.

Vers 1460, l'Allemand Johannes Widmann est le premier à employer les signes + et – pour désigner l'addition et la soustraction. Au début du XVIe siècle, Tartaglia, que nous connaissons, est l'un des premiers à utiliser les parenthèses ( ) dans des calculs. En 1557, l'Anglais Robert Recorde utilise pour la première fois le signe = pour désigner l'égalité. En 1608, le Néerlandais Rudolph Snellius se sert d'une virgule pour séparer la partie entière et la partie décimale d'un nombre. En 1621, c'est l'Anglais Thomas Harriot qui introduit les signes < > pour marquer l'infériorité ou la supériorité de deux nombres.

En 1631, l'Anglais William Oughtred utilise la croix × pour noter la multiplication et devient en 1647 le premier à utiliser la lettre grecque π

pour désigner le fameux rapport d'Archimède. L'Allemand Johann Rahn emploie quant à lui pour la première fois en 1659 l'obèle ÷ pour la division. En 1525, l'Allemand Christoff Rudolff désigne la racine carrée par le signe √ auquel le Français René Descartes rajoute une barre horizontale en 1647 : $\sqrt{\ }$.

Bien entendu, tout cela ne se fait pas de manière linéaire et ordonnée. Au cours de cette période, une multitude d'autres symboles naissent et meurent. Certains ne sont utilisés qu'une seule fois. D'autres se développent et se font concurrence. Entre la première utilisation d'un signe et son adoption définitive par l'ensemble de la communauté mathématique, s'écoulent souvent plusieurs dizaines d'années. Ainsi, un siècle après leur introduction, les signes + et − n'étaient toujours pas complètement adoptés et beaucoup de mathématiciens utilisaient encore les lettres P et M, initiales des mots latins *plus* et *minus*, pour désigner l'addition et la soustraction.

Et Viète dans tout ça ? Le savant français va être l'un des catalyseurs de ce vaste mouvement. Dans l'*Isagoge*, il lance un vaste programme de modernisation de l'algèbre et en pose la clef de voûte en introduisant le calcul littéral, c'est-à-dire le calcul avec des lettres de l'alphabet. Sa proposition est aussi simple que déroutante : nommer les inconnues des équations par des voyelles et les nombres connus par des consonnes.

Cette répartition des voyelles et consonnes sera pourtant rapidement abandonnée au profit d'une suggestion légèrement différente de René

Descartes : les premières lettres de l'alphabet (*a*, *b*, *c*...) désigneront les quantités connues et les dernières (*x*, *y* et *z*) seront les inconnues. C'est cette convention qu'utilisent encore aujourd'hui la plupart des mathématiciens et la lettre « *x* » est devenue jusque dans le langage courant symbole d'inconnu et de mystère.

Pour bien comprendre comment l'algèbre est transformée par ce nouveau langage, rappelez-vous de l'équation suivante :

On cherche un nombre qui multiplié par 5 donne 30.

Grâce au nouveau symbolisme, cette équation s'écrit désormais en une poignée de signes : $5 \times x = 30$.

Avouez que c'est nettement plus court ! Souvenez-vous également que cette équation n'était qu'un cas particulier d'une classe bien plus large :

On cherche un nombre qui multiplié par une certaine quantité 1 donne une quantité 2.

Cette équation se note désormais $a \times x = b$.

Les nombres *a* et *b* étant pris au début de l'alphabet, nous savons qu'il s'agit de quantités connues à partir desquelles nous cherchons à calculer *x*. Et comme nous l'avions vu, les équations de ce type se résolvent en divisant la deuxième quantité connue par la première, en d'autres termes : $x = b \div a$.

Dès lors, les mathématiciens se mettent à dresser des listes de cas et à établir les règles de manipulation des équations littérales. L'algèbre se transforme peu à peu en une forme de jeu dont les coups autorisés sont déterminés par ces règles de calcul. Tenez, reprenons la résolution de notre équation. En passant de $a \times x = b$ à $x = b \div a$, la lettre a est passée de gauche à droite du signe = et son opération s'est transformée de multiplication en division. Cela est donc une règle autorisée : toute quantité multipliée peut passer de l'autre côté de l'égalité en devenant divisée. Des règles similaires permettent de traiter les additions et les soustractions ou de transformer les puissances. Le but du jeu reste le même : mettre à jour la valeur de l'inconnue x.

Ce jeu de symboles est tellement efficace que l'algèbre va rapidement prendre son indépendance par rapport à la géométrie. Plus besoin d'interpréter les multiplications comme des rectangles, ni de faire des démonstrations sous forme de puzzles. Les x, les y et les z prennent la relève ! Mieux que ça. La fulgurante efficacité du calcul littéral va renverser le rapport de force et c'est bientôt la géométrie qui va se retrouver dépendante des démonstrations algébriques.

Ce retournement, c'est le Français René Descartes qui va le déclencher en introduisant un moyen simple et puissant d'algébriser les problèmes de la géométrie par un système d'axes et de coordonnées.

Coordonnées cartésiennes

L'idée de Descartes est aussi élémentaire que géniale : placer dans le plan deux droites graduées, l'une horizontale et l'autre verticale, afin de repérer chaque point géométrique par ses coordonnées selon ces deux axes. Regardons par exemple le point A suivant :

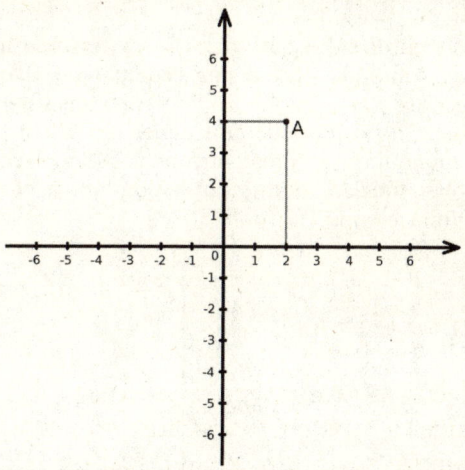

Le point A se trouve juste au-dessus de la graduation 2 de l'axe horizontal et au niveau de la graduation 4 de l'axe vertical. Ses coordonnées sont donc 2 et 4. Par ce procédé, il devient possible de représenter chaque point géométrique par deux nombres et inversement d'associer un point à chaque paire de nombres.

Depuis leurs débuts, la géométrie et les nombres ont toujours entretenu d'étroits rapports, mais avec les coordonnées de Descartes, les deux disciplines vont se fondre l'une dans l'autre. Chaque problème de géométrie peut désormais s'interpréter algébriquement et chaque problème d'algèbre se représenter géométriquement.

Regardons par exemple l'équation du premier degré suivante : $x + 2 = y$. C'est une équation à deux inconnues : nous cherchons x et y. Il est par exemple possible de voir que $x = 2$ et $y = 4$ forment une solution puisque $2 + 2 = 4$. On peut alors remarquer que les nombres 2 et 4 sont précisément les coordonnées du point A. Cette solution peut donc se représenter géométriquement par ce point.

À vrai dire, l'équation $x + 2 = y$ possède une infinité de solutions. Il y a par exemple $x = 0$ et $y = 2$ ou encore $x = 1$ et $y = 3$. Pour chaque valeur possible de x, il est possible de trouver le y correspondant en lui ajoutant 2. Nous pouvons dès lors placer sur notre plan tous les points correspondant à ces solutions. Voilà ce que l'on obtient.

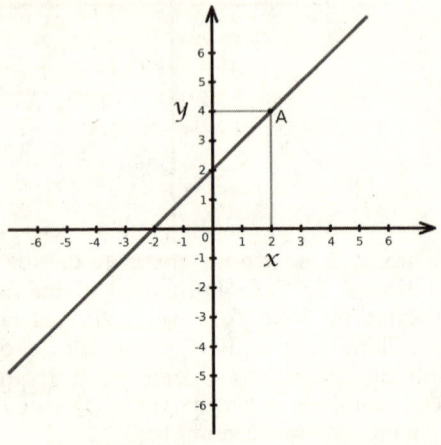

Une ligne droite ! Les solutions s'alignent toutes parfaitement pour former une ligne droite. Il n'y en a pas une qui dépasse. Dans le monde de Descartes, cette droite est donc la représentation géométrique de 'équation, tout comme l'équation est la représentation algébrique de la droite. Les deux objets se confondent et il n'est pas rare de nos jours d'entendre des mathématiciens parler de la droite « $x + 2 = y$ ». Donnons le même nom à des choses différentes, l'algèbre et la géométrie sont bel et bien en train de ne devenir qu'une seule et même discipline.

Cette correspondance donne lieu à tout un dictionnaire permettant de traduire les objets du langage géométrique au langage algébrique et *vice versa*. Par exemple, ce que l'on appelle « milieu » en géométrie se nomme « moyenne » en algèbre. Reprenons notre point A de coordonnées 2 et 4 et adjoignons-lui un point B de coordonnées 4 et – 6. Pour trouver le milieu du segment reliant A à B, il suffit alors de faire la moyenne des coordonnées. La première coordonnée de A est 2 et celle de B est 4, on peut donc en déduire que la première coordonnée du milieu est égale à la moyenne de ces deux nombres : $(2+4)/2 = 3$. En faisant la même chose sur l'axe vertical, on trouve $(4+(-6))/2 = -1$. Les coordonnées du point milieu sont donc 3 et – 1. On peut vérifier que cela marche bien en traçant la figure :

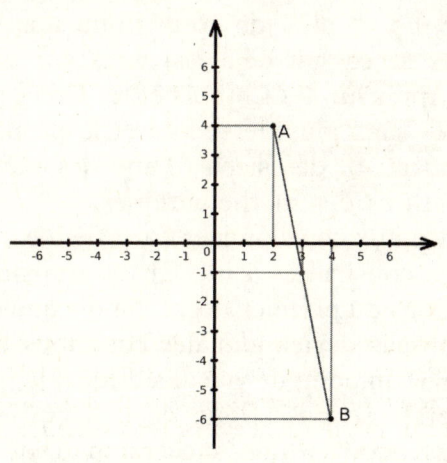

> Dans ce dictionnaire algèbre-géométrie, un cercle devient une équation du second degré, le point d'intersection de deux courbes est donné par un système d'équations, tandis que le théorème de Pythagore, les constructions trigonométriques ou les découpages en puzzles se métamorphosent en diverses formules littérales.
> Bref, plus besoin de tracer les figures pour faire de la géométrie, les calculs algébriques ont pris leur place et sont tellement plus rapides et pratiques !

Dans les siècles qui suivirent, les coordonnées de Descartes enregistrèrent de nombreux succès. L'une de leurs plus belles réussites fut sans doute la résolution d'une conjecture qui résistait aux mathématiciens depuis l'Antiquité : la quadrature du cercle.

Peut-on tracer à la règle et au compas un carré de même surface qu'un cercle donné ? Souvenez-vous, il y a plus de trois mille ans, le scribe Ahmès se cassait déjà les dents sur cette question. Après lui, les Chinois et les Grecs s'y étaient essayés sans plus de succès et le problème était devenu au fil des siècles l'une des plus grandes conjectures des mathématiques.

Grâce aux coordonnées cartésiennes, les lignes droites construites à la règle se transforment en équations du premier degré, tandis que les cercles du compas deviennent des équations du second degré. D'un point de vue algébrique, la quadrature du cercle se pose donc de la façon suivante : peut-on trouver une succession d'équations du premier ou du second degré dont le nombre π serait solution ? Cette nouvelle formulation relança les recherches, mais même ainsi posée, la question restait compliquée.

C'est finalement le mathématicien allemand Ferdinand von Lindemann qui mit fin au suspense en 1882. Non, le nombre π n'est pas solution d'équations de degré 1 ou 2 et la quadrature du cercle est donc impossible. Ainsi tomba le problème qui garde à ce jour le titre de conjecture ayant résisté le plus longtemps aux assauts des mathématiciens.

Les coordonnées cartésiennes peuvent facilement se généraliser à la géométrie dans l'espace. En trois dimensions, chaque point est alors repéré par trois coordonnées et les procédés algébriques peuvent s'y appliquer de la même manière.

Les choses deviennent plus subtiles dès que l'on passe à la quatrième dimension. En géométrie, impossible de représenter une figure en 4D puisque notre monde physique tout entier n'est lui-même qu'en 3D. En algèbre, en revanche, aucun souci : un point de la quatrième dimension est simplement une liste de quatre nombres. Et toutes les méthodes algébriques s'y appliquent naturellement. Si l'on considère par exemple les points A et B dont les coordonnées sont 1, 2, 3 et 4 d'une part et 5, 6, 7 et 8 d'autre part, on peut tranquillement utiliser la moyenne de ces nombres pour affirmer que leur milieu est le point de coordonnées 3, 4, 5 et 6. La géométrie en dimension quatre sera notamment exploitée au XXe siècle par la théorie de la relativité d'Albert Einstein, qui utilisera la quatrième coordonnée pour modéliser le temps.

Et l'on peut continuer longtemps comme ça. Une liste de cinq nombres est un point en dimension 5. Rajoutez un sixième nombre et nous voilà en dimension 6. Il n'y a aucune limite à ce processus. Une liste de mille nombres est un point d'un espace de dimension 1000.

À ce niveau, l'analogie peut sembler un simple jeu de langage, propre à faire sourire, mais sans réelle utilité. Détrompez-vous. Cette correspondance trouve de multiples applications, notamment en statistiques, dont l'objet est précisément d'étudier de longues listes de données numériques. Si l'on étudie par exemple des données démographiques d'une population, on peut vouloir quantifier à quel point certaines caractéristiques telles que la taille, le poids, ou les habitudes alimentaires d'un groupe d'individus fluctuent autour de la moyenne. En interprétant cette question géométriquement, il s'agit de calculer la distance entre deux points, le premier représentant la liste des données concernant chaque individu, le deuxième représentant la liste moyenne. Il y a donc autant de coordonnées que le nombre d'individus dans le groupe. Le calcul se fait alors à l'aide de triangles rectangles dans lesquels on peut appliquer le théorème de Pythagore. Un statisticien calculant l'écart-type d'un groupe de mille individus utilise donc, souvent sans le savoir, le théorème de Pythagore dans un espace de dimension 1000 ! Cette méthode s'applique également en biologie de l'évolution, pour calculer la différence génétique entre deux populations animales. En mesurant par des formules issues de la géométrie la distance entre leurs génomes codés sous la forme de listes de nombres, il devient possible d'établir la proximité relative de différentes espèces et d'en déduire peu à peu l'arbre généalogique du vivant.

Nous pouvons même pousser l'exploration jusqu'à des listes infinies de nombres, c'est-à-dire à des points dans un espace de dimension infinie ! À vrai dire, nous en connaissons déjà : ce sont les suites numériques telles que celle de Fibonacci. En étudiant ses lapins, le mathématicien italien faisait sans s'en douter de la géométrie en dimension infinie ! C'est cette interprétation géométrique qui permettra notamment aux mathématiciens du XVIIIe siècle d'établir le plus clairement possible le lien subtil qui lie la suite de Fibonacci au nombre d'or.

13

L'alphabet du monde

« La philosophie est écrite dans cet immense livre qui se tient toujours ouvert devant nos yeux, je veux dire l'univers, mais on ne peut le comprendre si l'on ne s'applique d'abord à en comprendre la langue et à connaître les caractères dans lesquels il est écrit. Il est écrit en langue mathématique, et ses caractères sont des triangles, des cercles et autres figures géométriques, sans le moyen desquels il est humainement impossible d'en comprendre un mot. »

Ce paragraphe, parmi les plus fameux de l'histoire des sciences, fut écrit en 1623 par Galilée en personne dans un ouvrage intitulé *Il Saggiatore*, ou *L'Essayeur*.

Galilée est sans conteste l'un des scientifiques les plus prolifiques et novateurs de tous les temps. Le savant italien est généralement considéré comme le fondateur des sciences physiques modernes. Il faut dire que son CV est pour le moins impressionnant. Inventeur de la lunette astronomique. Découvreur des anneaux de Saturne, des taches solaires, des phases de Vénus et des quatre principaux satellites de Jupiter. Il fut l'un des plus influents défenseurs de l'héliocentrisme de Copernic, énonça le principe de relativité du mouvement qui porte aujourd'hui son nom et fut le premier à étudier la chute des corps expérimentalement.

L'Essayeur témoigne du lien très fort qui se tisse, à cette époque, entre mathématiques et sciences physiques. Galilée est l'un des premiers à engager ce rapprochement. Il faut dire qu'il est allé à bonne école puisque à l'âge de 19 ans, c'est Ostilio Ricci, l'un des élèves de Tartaglia, qui l'a initié aux mathématiques. Il sera suivi par des générations de scientifiques pour lesquels l'algèbre et la géométrie vont irrémédiablement devenir la langue dans laquelle s'exprime le monde.

Il faut être bien clair sur la nature de cette relation naissante entre mathématiques et physique. Parce que bien sûr, nous en avons déjà été maintes fois témoins depuis le début de notre histoire, les mathématiques ont de tout temps été utilisées pour étudier et comprendre le monde. Ce qui se produit au XVIIe siècle est pourtant radicalement nouveau. Jusque-là, les modélisations mathématiques étaient restées au stade de constructions humaines, décalquées sur le réel, mais non créées par lui. Lorsque les arpenteurs mésopotamiens utilisaient la géométrie pour mesurer un champ rectangulaire, celui-ci avait été tracé par des hommes. Le rectangle n'appartient pas à la nature, avant que l'agriculteur ne l'y mette. De même, lorsque des géographes triangulent une région pour en établir la carte, les triangles qu'ils considèrent sont purement artificiels.

C'est un tout autre défi que de vouloir mathématiser le monde préexistant à l'homme ! Quelques savants, c'est vrai, s'y étaient essayés dans l'Antiquité. C'est le cas de Platon qui, souvenez-vous, avait associé les cinq polyèdres réguliers aux quatre éléments et au Cosmos. Les pythagoriciens eux-mêmes étaient particulièrement friands de ce genre d'interprétation, mais il faut bien reconnaître que leurs théories n'avaient, le plus souvent, rien de sérieux. Construites sur des considérations purement métaphysiques et sans être jamais testées expérimentalement, la quasi-totalité d'entre elles se sont finalement révélées fausses.

Ce que vont comprendre les savants du XVIIe siècle, c'est que la nature elle-même, dans son fonctionnement le plus intime, est réglée par des lois mathématiques précises qu'il est possible de mettre au jour grâce à des expériences. L'une des réalisations les plus éclatantes de cette époque est sans aucun doute la loi de la gravitation universelle, découverte par Isaac Newton.

Dans les *Philosophiae naturalis principia mathematica*, ou *Principes mathématiques de la philosophie naturelle*, le savant anglais est le premier à comprendre que la chute des corps sur la Terre et la rotation des astres dans le ciel peuvent s'expliquer par un seul et même phénomène. Tous les objets de l'Univers s'attirent les uns les autres. Cette force est quasiment indétectable pour de petits objets, mais devient significative dès qu'il s'agit de planètes où d'étoiles. La Terre attire les objets, c'est la raison pour laquelle les objets tombent. La Terre attire également la Lune et, d'une certaine manière, la Lune tombe elle aussi. Mais comme la Terre est ronde et que la Lune est lancée à très grande vitesse, cette dernière tombe en permanence à côté de la Terre, ce qui la fait tourner en rond ! C'est par ce même principe que les planètes tournent autour du Soleil.

Newton ne se contente pas d'énoncer cette loi d'attraction. Il précise l'intensité de la force avec laquelle les objets s'attirent. Et il la précise par une formule mathématique. Deux corps quelconques s'attirent d'une force proportionnelle au produit de leurs masses divisé par le carré de leur distance. Ce qui, grâce au calcul littéral de Viète, se réécrit de la façon suivante :

$$F = G \times \frac{m_1 \times m_2}{d^2}$$

Dans cette formule, la lettre F désigne l'intensité de la force, m_1 et m_2 sont les masses respectives des deux objets dont on étudie l'attraction et d est la distance qui les sépare. Le nombre G est quant à lui une constante fixe valant 0,0000000000667. Sa très faible valeur explique que la force soit insensible pour les petits objets et qu'il faille les masses gigantesques des planètes et des étoiles pour que la gravitation se fasse ressentir. Pensez d'ailleurs qu'à chaque fois que vous soulevez un objet, vous démontrez que votre force musculaire est supérieure à la force d'attraction de la Terre tout entière !

Une fois la formule établie, les problèmes physiques se métamorphosent en problèmes mathématiques. Il devient ainsi possible de calculer les trajectoires des objets célestes et en particulier de prévoir leur évolution future ! Trouver la date de la prochaine éclipse, c'est trouver la valeur de l'inconnue d'une équation algébrique.

Dans les décennies qui suivirent, la formule de Newton va enregistrer de nombreux succès. La gravitation universelle permit d'affirmer que la Terre devait être légèrement aplatie aux pôles, ce qui fut bel et bien confirmé par les géomètres qui mesurèrent le méridien par triangulation. L'une des réussites les plus spectaculaires de la théorie newtonienne reste cependant le calcul du retour de la comète de Halley.

Depuis l'Antiquité, les savants avaient observé et consigné l'apparition aléatoire de comètes dans les cieux. Pour expliquer ce phénomène, deux écoles s'opposaient. Les aristotéliciens considéraient les comètes comme des phénomènes atmosphériques, donc relativement proches de la Terre, tandis que les pythagoriciens les voyaient comme des sortes de planètes, c'est-à-dire des objets bien plus lointains. Lorsque Newton publia ses *Principia Mathematica*, la polémique n'était toujours pas tranchée et les savants des deux écoles continuaient de s'écharper sur le sujet.

L'un des moyens de prouver que les comètes sont des astres lointains orbitant autour du Soleil serait de leur trouver une certaine périodicité : un objet qui tourne doit repasser au même point à intervalles réguliers. Hélas, au début du XVIIIe siècle, aucune régularité de ce type n'avait encore jamais pu être détectée. Et puis, en 1707, un astronome britannique, ami de Newton, du nom d'Edmund Halley annonça avoir peut-être trouvé quelque chose.

En 1682, Halley avait observé une comète qui, dans un premier temps, ne lui avait pas paru extraordinaire. Pourtant, l'année précédente, l'astronome s'était rendu en France où il avait rencontré Cassini Ier à l'Observatoire de Paris. Ce dernier avait évoqué avec lui l'hypothèse d'un retour périodique des comètes. Halley se plongea alors dans les archives astronomiques où deux autres passages de comètes finirent par attirer son attention. L'une en 1531, et l'autre en 1607. Les comètes de 1531, 1607 et 1682 formaient deux intervalles identiques de 76 ans. Et si c'était la même ? Halley prend le pari et annonce que la comète sera de retour en 1758 !

Cinquante et un ans de suspens ! L'attente fut insoutenable et trépidante. D'autres savants en profitèrent pour affiner la prédiction de Halley. Il fut notamment suggéré que l'attraction gravitationnelle des deux planètes géantes que sont Jupiter et Saturne pourrait bien modifier un peu la trajectoire de la comète. En 1757, l'astronome Jérôme Lalande et la mathématicienne Nicole-Reine Lepaute se lancent dans les calculs en se basant sur un modèle développé par Alexis Clairaut à partir des équations de Newton. Les calculs sont longs et fastidieux, il faudra plusieurs mois aux trois savants pour finalement prédire un passage de la comète au plus près du Soleil en avril 1759, avec une marge d'erreur possible d'un mois.

Et puis l'incroyable se produisit. La comète fut au rendez-vous et le monde entier la vit tracer dans le ciel le triomphe de Newton et Halley. Elle passa à côté du Soleil le 13 mars, dans l'intervalle calculé par Clairaut, Lalande et Lepaute. Halley ne vécut malheureusement pas assez longtemps pour assister au retour de la comète à laquelle on donna son nom, mais la théorie de la gravitation et, à travers elle, la mathématisation de la physique venaient de faire la preuve éclatante de leur incroyable pouvoir.

Ironie de l'histoire, Galilée, outre son discours sur la mathématisation du monde, soutenait dans *L'Essayeur* la thèse des comètes atmosphériques ! Son livre était en fait une réponse au mathématicien Orazio Grassi qui avait quelques années auparavant défendu le point de vue opposé. La renommée de Galilée et le ton fortement polémique du livre en firent un best-seller pour l'époque, mais ni la célébrité ni le succès ne font la vérité. « E pur si muove... » aurait pu répondre Grassi à Galilée.

Au-delà de l'erreur de Galilée, cette anecdote illustre superbement la robustesse du processus scientifique qui se met en place à cette époque. Les conclusions de la méthode scientifique ne dépendent pas de l'opinion préalable du savant qui la pratique, fût-il Galilée. Les faits sont têtus. La nature réelle des comètes, comme celle de l'ensemble des objets du monde physique, est indépendante de l'idée que les hommes s'en font. Lorsque, dans l'Antiquité, un savant reconnu se trompait, tout un tas de disciples le suivaient en général sans broncher, l'autorité faisant office d'argument. Plusieurs siècles ne suffisaient souvent pas à déloger une idée reçue qu'une simple expérience aurait pourtant pu démentir. La détection en quelques dizaines d'années de l'erreur de Galilée est au contraire le signe d'un milieu scientifique en pleine santé !

Prévoir la trajectoire d'une comète qu'on a déjà vue est une chose, calculer celle d'un astre dont on ignore tout en est une autre. Au rang des grandes réussites des mathématiques en astronomie, il faut également compter la découverte de Neptune au XIXe siècle. La huitième et dernière planète du système solaire est la seule à n'avoir pas été découverte par les observations, mais par le calcul ! C'est à l'astronome et mathématicien français Urbain Le Verrier que nous devons cet exploit.

Dès la fin du XVIIIe siècle, plusieurs astronomes avaient remarqué des irrégularités dans la trajectoire d'Uranus, alors dernière planète connue. Cette dernière ne suivait pas exactement la trajectoire que lui prédisait la loi de gravitation universelle. Il ne pouvait y avoir que deux explications : soit la théorie de Newton était fausse, soit un autre astre encore inconnu était responsable de ces perturbations. À partir de la trajectoire observée d'Uranus, Le Verrier se lança dans le calcul de la position de cette hypothétique nouvelle planète. Il lui fallut deux ans de travail acharné pour obtenir un résultat.

Puis ce fut l'heure de vérité. Dans la nuit du 23 au 24 septembre 1846, l'astronome allemand Johann Gottfried Galle pointa sa lunette dans la direction que lui avait communiquée Le Verrier, plaça son œil au bout de l'oculaire et... il la vit. Petite tache bleutée perdue dans les profondeurs insoupçonnées du ciel nocturne. À plus de quatre milliards de kilomètres de la Terre, la planète était bien là !

Quel sentiment formidable et enivrant, quelle impression de puissance universelle, quelle émotion insondable dut envahir ce jour-là l'esprit d'Urbain Le Verrier qui, de la pointe de sa plume et à la force de ses équations, avait su embrasser, capturer, presque contrôler la danse titanesque des planètes autour du Soleil ! Par les mathématiques, les monstres célestes, dieux d'autrefois, se trouvaient soudain apprivoisés, domptés, dociles et ronronnants sous les caresses de l'algèbre. On imagine aisément l'état d'exaltation intense dans lequel fut plongée la communauté astronomique mondiale dans les jours qui suivirent et dont tout astronome amateur, pointant sa lunette vers Neptune, perçoit encore les frissons de nos jours.

La vie d'une théorie scientifique a ses phases. Il y a d'abord le temps des hypothèses, des hésitations, des erreurs, de la construction progressive et brouillardeuse des idées. Vient ensuite le temps de la confirmation, le temps des expériences qui valident ou non les équations et, juges implacables, confirment ou rejettent définitivement. Et puis, il y a l'envol, la prise d'indépendance. Le moment où la théorie a suffisamment confiance en elle pour oser parler du monde sans plus avoir à le regarder dans les yeux. Le moment où les équations peuvent précéder l'expérience et prédire un phénomène encore inobservé, inattendu, voire inespéré. Le moment où la théorie passe de découverte à découvreuse, où elle devient l'alliée, la collègue presque, des savants qui l'ont créée. Alors, la théorie est mûre et c'est le temps des comètes de Halley et de Neptune. Le temps aussi des éclipses d'Einstein comme celle qui, le 29 mai 1919, verra le triomphe de la relativité, le temps des bosons de Higgs découverts en 2012 conformément aux prévisions du modèle standard de la physique des particules, ou le temps des ondes gravitationnelles détectées pour la première fois le 14 septembre 2015.

Pour devenir adultes et gagner leur légitimité, toutes les grandes découvertes scientifiques ont un besoin vital de mathématiques, d'équations algébriques et de figures géométriques. Les mathématiques ont su faire la preuve de leur invraisemblable puissance et plus aucune théorie physique sérieuse n'oserait aujourd'hui s'exprimer dans un autre langage.

Cristallographie

La mathématisation du monde frappe également en chimie où nous allons maintenant retrouver de vieilles connaissances. Au début du XIXe siècle, le minéralogiste français René Just Haüy, en faisant tomber un bloc de calcite, constate que celui-ci se brise en une multitude d'éclats ayant tous la même structure géométrique. Les morceaux ne sont pas aléatoires, ils ont des faces planes formant des angles bien précis les unes avec les autres. Pour qu'un tel phénomène se produise, Haüy déduit que le bloc de calcite doit être formé d'une multitude d'éléments semblables qui s'assemblent les uns avec les autres de façon parfaitement régulière. Un solide possédant cette propriété est nommé un cristal. En d'autres termes, un cristal observé à l'échelle microscopique consiste en un motif de plusieurs atomes ou molécules qui se répète identiquement dans toutes les directions.

Un motif qui se répète ? Ça ne vous rappelle rien ? Le principe ressemble étonnamment aux frises mésopotamiennes et aux pavages arabes. Une frise présente un motif se répétant selon une direction, et un pavage selon deux directions. Pour étudier un cristal, il faut donc reprendre les mêmes principes, mais cette fois dans l'espace à trois dimensions. Les artisans mésopotamiens avaient découvert les sept catégories de frises et les artistes arabes les dix-sept de pavages. Grâce aux structures algébriques, il était désormais possible de démontrer que ces nombres étaient bien optimaux : il n'en manque pas. Ces mêmes structures algébriques permirent d'établir qu'il existe 230 catégories de pavages en 3D. Parmi les plus simples, on peut par exemple trouver les pavages avec des cubes, avec des prismes hexagonaux ou avec des octaèdres tronqués[1], représentés ci-dessous.

De gauche à droite : empilements de cubes, de prismes hexagonaux et d'octaèdres tronqués. Ces empilements peuvent se prolonger à l'infini dans l'espace.

---

1. L'octaèdre est l'un des cinq solides de Platon que nous avons déjà rencontrés. L'octaèdre tronqué s'obtient en tranchant les pointes de l'octaèdre de la même façon que l'icosaèdre tronqué (ou ballon de foot) s'obtient en tranchant celles d'un icosaèdre.

> À chaque fois, ces figures s'empilent et s'emboîtent parfaitement sans laisser de trous, formant une structure pouvant se prolonger à l'infini dans toutes les directions. Qui aurait cru que les réflexions géométriques des artisans mésopotamiens portaient en germe les bases de ce qui allait devenir une des composantes essentielles de l'étude des propriétés de la matière ?
> Les cristaux se trouvent un peu partout dans notre vie quotidienne. Entre autres exemples, on peut par exemple citer notre sel de table, composé d'une multitude de petits cristaux de chlorure de sodium, ou encore le quartz, dont les oscillations très régulières quand on lui applique un courant électrique font un élément indispensable de nos horloges. Il faut toutefois se méfier, le mot cristal est parfois utilisé de manière abusive dans le langage courant. Ainsi, les verres en cristal ne sont en réalité pas en cristal au sens scientifique du terme.
>
> Si vous voulez admirer des spécimens plus spectaculaires, vous pouvez toujours visiter une collection de minéralogie. Celle de l'Université Pierre et Marie Curie à Paris est l'une des plus belles du monde.

L'efficacité fulgurante de la mathématisation du monde ne répond toutefois pas à une question déconcertante. Comment se fait-il que le langage des mathématiques soit si parfaitement adapté pour décrire le monde ? Pour bien comprendre ce que cela a d'étonnant, revenons à la formule de Newton.

$$F = G \times \frac{m_1 \times m_2}{d^2}$$

L'intensité de la force de gravitation s'énonce donc par une formule faisant intervenir deux multiplications, une division et un carré. La simplicité de cette expression semble un coup de chance invraisemblable ! Nous savons bien que tous les nombres ne peuvent pas s'exprimer par des formules mathématiques simples. C'est le cas par exemple du nombre π et de beaucoup d'autres. D'un point de vue statistique, les nombres compliqués sont même bien plus nombreux que les nombres simples. Si vous prenez un nombre au hasard, vous aurez beaucoup plus de chances de tomber sur un nombre à virgule que sur un nombre entier. Tout comme vous aurez bien plus de chances de tomber sur un nombre au développement décimal infini que fini et bien plus de chances de tomber sur un nombre ne pouvant s'exprimer par aucune formule que sur un calculable à partir des opérations élémentaires.

La formule de Newton est encore plus étonnante que ça, car la force varie selon les masses et la distance des objets. Ce n'est pas une simple constante comme π. Et pourtant, quelles que soient les masses des deux corps et quelle que soit leur distance, l'attraction qu'ils exercent l'un sur l'autre se mesure toujours par cette même formule ! Avant que Newton n'établisse sa loi, il aurait été raisonnable d'envisager que l'intensité de la force soit parfaitement inexprimable par une formule mathématique. Et quand bien même elle l'aurait été, on aurait pu s'attendre à une formule complexe faisant intervenir des opérations bien plus monstrueuses que des multiplications, des divisions et des carrés.

Quelle aubaine que la formule de Newton soit ce qu'elle est ! Et quel mystère que la nature parle si élégamment la langue des mathématiques. Il est fréquent que des modèles développés par des mathématiciens uniquement pour leur beauté trouvent des siècles après leur élaboration des applications en sciences physiques. Et ce mystère ne s'arrête pas à la gravitation. Les phénomènes électromagnétiques, le fonctionnement quantique des particules élémentaires, la déformation relativiste de l'espace-temps, tous ces phénomènes s'expriment dans la langue mathématique avec une concision épatante.

Prenez la plus célèbre de toutes les formules : $E = mc^2$. Cette égalité, établie par Albert Einstein, fournit une équivalence entre la masse et l'énergie d'objets physiques. Nous n'expliquerons pas cette formule ici, ce n'est pas le propos. Mais pensez simplement à ceci : ce principe, qui est généralement considéré comme l'un des plus fascinants et les plus profonds du fonctionnement de notre Univers, s'exprime par une formule algébrique de cinq symboles seulement ! Par quel prodige ? On prête généralement à Einstein la phrase qui résume tout le stupéfiant de la situation : « Ce qu'il y a de plus incompréhensible dans l'Univers, c'est qu'il soit compréhensible. » Entendez compréhensible par les mathématiques. En 1960, le physicien Eugene Wigner parlera quant à lui de la « déraisonnable efficacité des mathématiques ».

Alors finalement, connaissons-nous si bien ces objets abstraits, nombres, figures, suites ou formules, que nous pensions avoir créés ? Si les mathématiques sont vraiment produites par notre cerveau, pourquoi les retrouve-t-on, spectres errants au-delà de nos boîtes crâniennes ? Que font-elles dans le monde physique ? Y sont-elles vraiment ? Ne faut-il pas plutôt voir dans ces fantômes du réel une gigantesque illusion d'optique ? Envisager que les objets mathématiques aient une forme d'existence en dehors de l'esprit humain reviendrait à leur donner une réalité alors même qu'ils ne sont que pure abstraction. Que signifierait alors le verbe « exister » si nous devions l'accorder à ces objets qui n'ont pourtant rien de matériel ?

Ne comptez pas sur moi pour avancer le moindre début de réponse à ces questions.

14
L'infiniment petit

La collaboration étroite des mathématiques avec les sciences physiques ne va pas rester longtemps à sens unique. À partir du XVIIe siècle, les deux disciplines ne vont plus cesser d'échanger des idées et de se nourrir mutuellement. Puisque la physique est gourmande de formules, chaque nouvelle découverte va désormais poser la question des mathématiques qui se cachent derrière. Existent-elles déjà ou sont-elles encore à inventer ? Dans la seconde éventualité, les mathématiciens se retrouvent mis au défi de sculpter sur mesure de nouvelles théories. Ils vont alors trouver dans les sciences physiques l'une de leurs plus belles muses.

Le développement de la gravitation newtonienne est l'une des premières à exiger des mathématiques innovantes. Pour le comprendre, repartons sur la piste de la comète de Halley. Connaître la force qui l'attire vers le Soleil est une chose, mais comment, de cette information, déduire sa trajectoire et les renseignements utiles telles que sa position à une date donnée ou sa période précise de révolution ?

L'une des questions classiques à laquelle il va falloir répondre est notamment celle de la distance parcourue en fonction de la vitesse. Si je vous dis que la comète file dans l'espace à la vitesse de 2 000 mètres par seconde et que je vous demande la distance qu'elle aura parcourue en une minute, la réponse est relativement simple. En une minute, la comète franchira 60 fois 2 000 mètres, c'est-à-dire 120 000 mètres, ou 120 kilomètres. Le problème, c'est que la réalité est plus compliquée que ça. La vitesse de la comète n'est pas fixe, mais varie au cours du temps. À son aphélie, c'est-à-dire à son point le plus éloigné du Soleil, elle est de 800 mètres par seconde, tandis qu'à son périhélie, au plus près du Soleil, elle est de 50 000 mètres par seconde. Une sacrée différence !

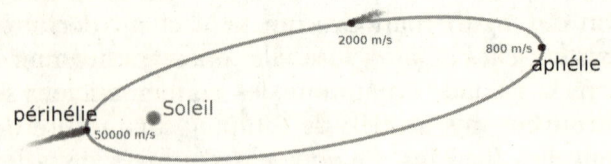

Et toute la subtilité vient du fait qu'entre ces deux extrêmes, la comète accélère progressivement, sans jamais garder un instant une vitesse fixe. Il y a par exemple un moment où la comète évolue à 2 000 mètres par seconde, mais il ne dure pas. Une fraction de seconde avant, sa vitesse était un peu plus, disons 2 000,001 et une fraction de seconde après elle est déjà passée à 1 999,999. Impossible de saisir le moindre intervalle de temps, même minuscule, au cours duquel la comète garde une vitesse constante ! Comment dans ces conditions calculer précisément la distance qu'elle parcourt ?

Pour répondre à cette question, les mathématiciens vont revenir à une méthode ressemblant étrangement à celle utilisée deux mille ans plus tôt par Archimède pour calculer le nombre π. Tout comme le savant de Syracuse avait approximé le cercle par des polygones ayant de plus en plus de côtés, il est possible d'approcher la trajectoire en considérant que la comète passe des paliers de vitesse sur des intervalles de plus en plus courts. On peut par exemple imaginer que la comète garde une vitesse fixe de 800 mètres par seconde pendant un certain temps, puis passe brutalement à 900 mètres par seconde pendant un certain temps et ainsi de suite. La trajectoire ainsi calculée ne sera pas exacte, mais peut être considérée comme une approximation. Et pour augmenter la précision, il suffit d'affiner les paliers. Au lieu de considérer des paliers de 100 mètres par seconde chacun, il est possible de descendre par tranche de 10, de 1 ou même de 0,1 mètre par seconde. Plus les tranches de vitesse seront découpées finement et plus le résultat sera proche de la trajectoire réelle de la comète !

Les approximations successives obtenues pour la distance parcourue entre l'aphélie et le périhélie forment alors une suite qui pourrait ressembler à ceci :

47 42 40 39 38,6 38,52 38,46 38,453…

Ces nombres sont donnés en unités astronomiques[1]. Autrement dit, si on considère que la vitesse de la comète reste fixe par paliers de 100 mètres par seconde, on trouve que la distance entre l'aphélie et le périhélie est égale à 47 unités astronomiques. Ce n'est encore qu'une grossière approximation. Si on affine en prenant des paliers de 10 mètres par seconde, on trouve que cette même distance est de 42 unités astronomiques. En affinant de plus en plus le découpage des vitesses, on constate clairement que ces longueurs se rapprochent de plus en plus d'une valeur limite tournant aux alentours de 38,45. Cette valeur limite correspond alors à la distance réelle parcourue par la comète entre les deux points extrêmes de sa trajectoire.

D'une certaine manière, on peut se risquer à dire que ce résultat limite correspond au résultat obtenu en découpant la trajectoire de la comète en une infinité d'intervalles infiniment courts. De la même façon, la méthode d'Archimède pour calculer π revenait à affirmer qu'un cercle est un polygone ayant une infinité de côtés infiniment petits ! Tout le problème de ces deux affirmations se trouve dans la notion d'infini. Nous le savons depuis Zénon, l'infini est une notion ambiguë et subversive dont le maniement nous pousse en dangereux équilibre au bord du gouffre des paradoxes.

Deux options s'offrent alors : soit refuser catégoriquement toute intervention de l'infini et se trou-

---

[1]. L'unité astronomique correspond à la distance Terre-Soleil et mesure approximativement 150 millions de kilomètres.

ver réduit à étudier laborieusement les problèmes de la physique newtonienne par des limites de suites d'approximations, soit prendre son courage à deux mains et pénétrer prudemment dans le marécage des subdivisions infiniment fines. C'est cette seconde voie que va choisir de suivre Newton dans ses *Principia Mathematica*. Il sera suivi de peu par le mathématicien allemand Gottfried Wilhelm Leibniz qui découvrit indépendamment les mêmes concepts et développa plus précisément certaines notions restées floues chez Newton. De ces explorations va naître une nouvelle branche des mathématiques qui prendra le nom de calcul infinitésimal.

La question de la paternité du calcul infinitésimal fut longuement débattue dans les années qui suivirent. Si Newton fut bel et bien le premier à s'être lancé sur cette piste dès 1669, il tarda à faire paraître ses résultats et Leibniz le coiffa sur le poteau en publiant ses travaux en 1684, trois ans avant les *Principia Mathematica*. Cet enchevêtrement de dates ne manqua pas d'engendrer une vive controverse entre l'Anglais et l'Allemand qui s'attribueront chacun l'invention de la théorie et iront jusqu'à s'accuser de plagiat. Il semble cependant aujourd'hui que les deux savants n'aient pas eu connaissance mutuelle de leurs travaux et aient bien inventé le calcul infinitésimal de façon indépendante.

Comme souvent aux prémisses d'une théorie, tout n'est pas parfait dès le début. De nombreux points manquent encore de rigueur et de justifications dans les travaux de Newton et Leibniz. Un peu comme cela s'était produit avec les nombres imaginaires, on constate que certaines méthodes marchent et d'autres non, mais sans trop savoir expliquer pourquoi.

L'objet du calcul infinitésimal devient alors de cartographier ce territoire encore inconnu en balisant les points de passage autorisés et ceux qui, au contraire, mènent aux impasses et aux paradoxes. En 1748, la mathématicienne italienne Maria Gaetana Agnesi publie les *Instituzioni Analitiche*, ou les *Institutions analytiques*, qui font un premier point complet sur l'état de la jeune discipline. Un siècle plus tard, c'est l'Allemand Bernhard Riemann qui réalisera les derniers travaux permettant de rendre le terrain praticable sans danger.

Dès lors, les mathématiciens vont pleinement investir le calcul infinitésimal et commencer à se poser une multitude de questions à mille lieues des applications physiques d'origine. Car bien loin de n'être qu'un simple outil, la théorie se révéla passionnante à décortiquer et merveilleusement belle. Et comme la science est une interminable partie de ping-pong, ces nouveaux développements vont peu à peu perler de nouvelles applications dans d'autres champs que celui de l'astronomie.

Les infinitésimaux vont être mis à contribution dans tous les problèmes qui, comme la trajectoire de la comète, font intervenir des grandeurs qui varient de façon continue. En météorologie, pour modéliser et prédire l'évolution de la température ou de la pression atmosphérique. En océanographie, pour suivre les courants marins. En aérodynamique, pour contrôler la pénétration dans l'air d'une aile d'avion ou de divers engins spatiaux. En géologie, pour suivre l'évolution du manteau terrestre et étudier les volcans, les séismes ou, à plus long terme, la dérive des continents.

Au cours de leurs explorations, les mathématiciens vont découvrir dans le monde infinitésimal une multitude de résultats étranges dont certains les plongeront dans une intense perplexité.

L'une des premières idées que l'on peut avoir lorsqu'on cherche à définir un intervalle infiniment petit, c'est de prendre des points. Euclide lui-même l'avait bien précisé, un point est le plus petit élément géométrique. D'une longueur égale à 0, il est bien infiniment petit. Hélas ! cette idée, trop simple pour marcher, va tomber à l'eau. Pour comprendre pourquoi, regardez ce segment de droite mesurant une unité de longueur.

$$1$$

Le segment est constitué d'une infinité de points qui ont chacun une longueur égale à 0. Il semble donc possible de dire que la longueur de l'intervalle est égale à une infinité de fois 0 ! Ce qui en langage algébrique se note $\infty \times 0 = 1$, où ∞ est le symbole de l'infini. Le problème de cette conclusion, c'est que si on considère maintenant un intervalle de longueur 2, lui aussi est composé d'une infinité de points, ce qui donne cette fois

$\infty \times 0 = 2$. Comment le même calcul peut-il avoir deux résultats différents ? Et en faisant varier la longueur de l'intervalle, on peut tout aussi bien obtenir que $\infty \times 0$ vaut 3, 1000 ou même π !

De cette expérience, il nous faut tirer une conclusion : les concepts de zéro et d'infini utilisés dans ce contexte ne sont pas assez finement définis pour l'usage que nous voulons en faire. Un calcul, tel que $\infty \times 0$, dont le résultat varie selon son interprétation, se nomme une forme indéterminée. Impossible d'utiliser ces formes dans des calculs algébriques sans voir immédiatement les paradoxes rappliquer par milliers ! Si on s'autorisait la multiplication $\infty \times 0$, il faudrait par là même accepter que 1 soit égal à 2 et autres aberrations du genre. Bref, il faut faire autrement.

Deuxième essai, puisqu'un intervalle infinitésimal ne peut pas être un point tout seul, cela peut être un segment délimité par deux points distincts, mais infiniment proches. L'idée est séduisante, mais encore une fois, nous tombons sur un os, car de tels points n'existent pas. La distance entre deux points peut être aussi petite que souhaitée, mais elle gardera toujours une longueur positive. Un centimètre, un millimètre, un milliardième de millimètre ou encore moins si vous voulez, ces longueurs sont certes petites, mais en aucun cas infinitésimales. En d'autres termes, deux points distincts ne se touchent jamais.

Il y a quelque chose de très déconcertant dans cet énoncé. Lorsque vous tracez une ligne continue, comme un segment, il n'y a pas de trous dans celle-ci et pourtant les points qui la composent ne se touchent pas ! Aucun point n'est en contact direct avec un autre. L'absence de trous dans la ligne est uniquement due à l'accumulation infinie des points infiniment petits. Et si l'on interprète les points de la droite par leur coordonnée, le même phénomène peut se traduire en termes algébriques : deux nombres différents ne se suivent jamais directement, il y a toujours une infinité d'autres nombres qui viennent se glisser entre eux. Entre les nombres 1 et 2 il y a 1,5. Entre les nombres 1 et 1,1, il y a 1,05. Et entre les nombres 1 et 1,0001, il y a 1,00005. On pourrait continuer longtemps comme ça. Le nombre 1, comme tous les autres, n'a pas de successeur immédiat à son contact. Et pourtant, les nombres s'agrègent infiniment autour de lui, assurant la continuité parfaite de leur longue succession.

Après ces deux essais infructueux, il faut nous résoudre à admettre que les nombres classiques tels qu'ils avaient été définis jusqu'alors ne sont pas assez puissants pour engendrer des quantités infiniment petites. Ces créatures insaisissables qui, sans valoir zéro, sont tout de même plus petites que tous les nombres positifs vont donc devoir être créées de toutes pièces ! Voilà ce que firent Leibniz et les savants qui lui emboîtèrent le pas dans la construction du calcul infinitésimal. Ils s'employèrent, trois siècles durant, à définir les règles de calcul s'appliquant à ces nouvelles quantités et à délimiter leur champ d'action. Ils produisirent ainsi, entre le XVIIe et le XXe siècle, tout un arsenal de théorèmes permettant de répondre avec une grande efficacité aux problèmes posés par les infinitésimaux.

Des nombres qui n'en sont pas vraiment, mais que l'on utilise pourtant comme intermédiaires de calcul ? Cette situation commence désormais à devenir familière. Les négatifs et les imaginaires sont déjà passés par là. Mais comme à chaque fois, le processus d'assimilation est long et il est difficile d'en prédire l'issue. Dans les années 1960, le mathématicien américain Abraham Robinson initia un nouveau modèle, baptisé analyse non standard, intégrant les infinitésimaux comme nombres à part entière. Pourtant, contrairement aux imaginaires, les quantités infinitésimales n'ont toujours pas réellement acquis, au début du XXIe siècle, le titre de véritables nombres. Le modèle non standard de Robinson reste marginal et peu utilisé.

Peut-être faudra-t-il encore des découvertes, des évolutions, des théorèmes marquants pour que la théorie non standard s'impose comme incontournable. Peut-être au contraire n'aura-t-elle jamais le potentiel pour devenir le modèle dominant et les infinitésimaux ne seront alors jamais mis sur un pied d'égalité avec leurs illustres prédécesseurs, négatifs et imaginaires. L'analyse non standard est belle, certes, mais peut-être pas assez et avec trop peu de bénéfices pour susciter un enthousiasme général. Après seulement quelques dizaines d'années d'existence, le modèle de Robinson reste très jeune et il appartient aux mathématiciens du futur de décider de son sort.

Parmi les développements les plus fructueux du calcul infinitésimal, la théorie de la mesure imaginée au tout début du XXe siècle par le Français Henri-Léon Lebesgue est l'une des branches les plus curieuses. La question posée est la suivante : peut-on, grâce aux infinitésimaux, imaginer et mesurer de nouvelles figures géométriques, restées inaccessibles à la règle et au compas. La réponse est oui, et ces figures inédites vont envoyer valser en quelques années jusqu'aux lois les plus intuitives de la géométrie classique.

Prenez par exemple un segment gradué de 0 à 10.

```
0   1   2   3   4   5   6   7   8   9   10
0,1     φ       π                   7,28
```

À la manière de Descartes, cette graduation permet d'associer chaque point du segment à un nombre compris entre 0 et 10. Sur ce segment, on peut alors distinguer les points qui correspondent à des nombres ayant une écriture décimale finie (par exemple 0,1 ou 7,28) et ceux ayant une infinité de chiffres après la virgule (comme π ou le nombre d'or φ). Que se passe-t-il alors si l'on découpe notre segment selon ce critère ? En d'autres termes, si l'on colorie les points de la première catégorie en foncé et les autres en clair, à quoi ressembleront les deux figures géométriques, foncée et claire, ainsi représentées ?

Il n'est pas facile de répondre à cette question car ces deux catégories de nombres sont enchevêtrées infiniment. Si vous prenez un intervalle de nombres, aussi petit soit-il, il contiendra toujours à la fois des points foncés et des points clairs. Entre deux points clairs, il y a toujours au moins un point foncé et entre deux points foncés, il y a toujours au moins un point clair. Les deux figures ressemblent donc à des lignes de poussières infiniment fines qui s'emboîtent parfaitement l'une dans l'autre.

*Le segment [0,10] est partagé en deux pièces :
à gauche les nombres au développement décimal fini
et à droite ceux au développement décimal infini.*

La représentation ci-dessus est bien entendu erronée. Ce n'est qu'une visualisation grossière puisque les détails qui y sont visibles sont dessinés très petits, mais ne sont pas réellement infinitésimaux. Il est impossible de dessiner concrètement ces figures qui ne peuvent bien s'appréhender que par l'algèbre et le raisonnement.

Vient alors la question : combien mesurent ces figures ? Puisque le segment de départ a une longueur égale à 10. Ces deux figures devraient conserver la même longueur à elles deux, mais comment se fait le partage ? Ont-elles la même taille de 5 chacune ou y en a-t-il une plus longue que l'autre ? La réponse que découvrirent les mathématiciens qui se penchèrent sur ce problème est étonnante. Absolument toute la longueur est accaparée par la figure composée des nombres à l'écriture infinie.

La figure claire mesure 10 et la figure foncée 0. Bien que les deux ensembles paraissent à égalité dans leur enchevêtrement, il y a infiniment plus de points clairs que de points foncés !

Avec les coordonnées de Descartes, ce type de figures poudreuses peut se généraliser aux surfaces et aux volumes. On peut par exemple considérer l'ensemble des points d'un carré dont les deux coordonnées ont un développement infini.

Encore une fois, cela n'est qu'une grossière représentation qui ne donne qu'une vague idée de la précision infinie des détails.

La mesure des poudreuses va aboutir à l'un des résultats les plus stupéfiants des mathématiques. Car en dépit de tous les efforts des mathématiciens qui se pencheront sur ce problème, certaines de ces figures restent impossibles à mesurer. Cette impossibilité fut mise en évidence en 1924 par Stefan Banach et Alfred Tarski qui découvrirent un contre-exemple au principe du puzzle.

Ils trouvèrent le moyen de découper une boule en cinq morceaux de telle façon que ces morceaux réassemblés permettent de construire deux boules rigoureusement identiques à la première et sans aucun trou !

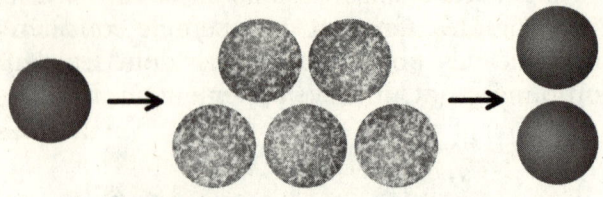

Les cinq figures intermédiaires qu'ils utilisent sont précisément des figures poudreuses aux découpages infinitésimaux. Si les pièces du puzzle de Banach-Tarski étaient mesurables, alors la somme de leurs volumes serait égale à la fois au volume de la boule dont ils sont issus et au volume des deux boules qu'ils reforment. Cela étant impossible, une seule conclusion s'impose : la notion même de volume n'a pas de sens pour ces figures.

En fait, le résultat de Banach et Tarski est bien plus large, puisqu'il affirme que si vous prenez deux figures géométriques classiques en trois dimensions, il est toujours possible de découper la première en un certain nombre de pièces poudreuses permettant de reconstituer la seconde. Il est par exemple possible de découper une boule de la taille d'un petit pois en plusieurs morceaux et de reconstituer avec ces morceaux une boule de la taille du Soleil sans aucun trou à l'intérieur !

Ce découpage est souvent faussement nommé paradoxe de Banach-Tarski à cause de son aspect fortement contre-intuitif. Ce n'est pourtant pas un paradoxe, mais bel et bien un théorème que les figures poudreuses rendent possible sans que le raisonnement ne souffre d'aucune contradiction !

Bien sûr, la nature infinitésimale de ces découpages les rend parfaitement irréalisable concrètement. Les figures poudreuses restent à cette heure dans le placard des curiosités mathématiques sans applications physiques. Qui sait si elles n'en sortiront pas un jour pour trouver des utilisations inattendues ?

15

Mesurer le futur

Marseille, 8 juin 2012.

Ce matin, je me suis levé aux aurores. Un peu nerveux, mais brûlant d'impatience, j'ai avalé rapidement mon petit-déjeuner, enfilé ma plus belle chemise[1] et me voilà parti. Dehors, le soleil s'étire dans le ciel de Provence et la fraîcheur de la nuit s'évapore précipitamment. La journée promet d'être chaude. Sur le Vieux-Port, le marché aux poissons s'installe tandis que quelques touristes matinaux déambulent déjà sur la Canebière.

Mais pas le temps de flâner aujourd'hui. Je descends dans le métro et file en direction du quartier de Château-Gombert, au nord de la ville. C'est là que se trouve le CMI, Centre de mathématique et d'informatique où je travaille depuis maintenant quatre ans. Au quotidien, une centaine de mathématiciens travaillent ici. En arrivant dans mon bureau, je vérifie une dernière fois mon matériel. Trois larges récipients demi-sphériques remplis de

---

1. Ma seule en vérité.

boules multicolores et, à côté, une pile de polycopiés sur la couverture desquels on peut lire :

> Urnes Interagissantes
> THÈSE
> présentée pour obtenir le grade de docteur,
> spécialité mathématiques,
> par Mickaël Launay,
> sous la direction de Vlada Limic.

Aujourd'hui, c'est mon dernier jour au CMI. Cet après-midi, à 14 heures, je vais soutenir ma thèse de doctorat.

Les années de thèse forment une période atypique dans la vie d'un scientifique. Toujours étudiants sur le papier, les thésards n'ont pourtant plus de cours à suivre ni d'examens trimestriels à valider. En réalité, nos journées ressemblent bien plus à celles de chercheurs à part entière. Lire les derniers articles parus, discuter avec d'autres mathématiciens, participer à des séminaires, puis œuvrer à faire progresser son domaine, à émettre des conjectures, à façonner de nouveaux théorèmes, à les démontrer et à les rédiger. Le tout sous le contrôle d'un mathématicien aguerri chargé de guider nos premiers pas dans le monde de la recherche et de nous apprendre les ficelles du métier. Pour ma part, ma directrice de thèse est la mathématicienne franco-croate Vlada Limic, spécialiste du sujet sur lequel j'ai mené mes recherches au cours de ces quatre ans. Ses travaux et les miens s'inscrivent dans le cadre d'une branche des mathématiques ayant vu le jour au cœur du XVIIe siècle : les probabilités.

Pour comprendre les enjeux de cette discipline, il nous faut à nouveau plonger dans les profondeurs de l'Histoire. Alors en attendant 14 heures, ressortons quelque temps du CMI et laissez-moi vous entraîner sur les chemins aventureux de l'aléatoire.

Cela fait longtemps que le hasard fascine. Dès la préhistoire, les humains ont observé la multitude de phénomènes inexpliqués, irréguliers, sans causes apparentes, que leur offrait la nature. Dans un premier temps, et faute de mieux, on accusa les dieux. Éclipses, arcs-en-ciel, tremblements de terre, épidémies, crues exceptionnelles des fleuves ou comètes sont autant de manifestations qui furent interprétées comme des messages divins adressés à qui saurait les déchiffrer. La tâche fut confiée aux sorciers, oracles, prêtres ou autres chamanes qui, comme il faut bien gagner sa vie, développèrent dans la foulée toute une panoplie de rituels destinés à interroger les dieux sans attendre que ceux-ci daignent se manifester d'eux-mêmes. En d'autres termes, les hommes se mirent à imaginer des moyens de créer de l'aléatoire à la demande.

La bélomancie, ou l'art de la divination par les flèches, en est l'un des plus anciens témoignages. Inscrivez sur des flèches les différents choix du QCM que vous adressez à votre dieu, placez-les dans votre carquois, secouez le tout et tirez-en une au hasard : voilà sa réponse. C'est ainsi, par exemple, que Nabuchodonosor II, roi de Babylone, choisissait les ennemis auxquels il déclarait la guerre au VIe siècle avant notre ère. Outre des flèches, les objets tirés pouvaient prendre des formes multiples : cailloux, tablettes, baguettes ou boules colorées. Les Romains donnèrent à ces objets le nom de « sors ». De ce terme provient notre expression « tirer au sort », mais aussi le mot « sortilège » qui désigne à l'origine soit le devin qui interroge les dieux, soit le verdict du dieu lui-même.

Peu à peu, les mécanismes de tirage aléatoire vont se multiplier et trouver de nombreuses applications. Plusieurs systèmes politiques les utilisèrent, comme à Athènes pour désigner les cinq cents citoyens siégeant à la Boulè ou, quelques siècles plus tard, à Venise, dans le processus de désignation du doge. Le hasard va aussi se révéler une grande source d'inspiration pour les créateurs de jeux. C'est l'invention du pile ou face, des dés numérotés, auxquels les solides de Platon prêteront leurs formes, ou encore des jeux de cartes.

C'est justement par le truchement des jeux de hasard que les décisions des dieux vont finir par attirer l'attention de quelques mathématiciens. Ces derniers vont avoir l'étrange idée de jouer les mesureurs de destin en étudiant, par la logique et le calcul, les propriétés du futur avant qu'il n'advienne.

Tout commence au milieu du XVIIe siècle, lors d'une réunion de l'Académie parisienne, ancêtre de l'Académie des sciences, créée en 1635 par le mathématicien et philosophe Marin Mersenne. Au cours d'une discussion entre savants de divers horizons, l'écrivain Antoine Gombaud, amateur de mathématiques à ses heures perdues, soumet à l'assemblée un problème qui s'est posé à lui. Imaginez, annonce-t-il, que deux joueurs aient engagé une certaine somme d'argent dans un jeu de hasard en trois manches gagnantes, mais que la partie soit interrompue alors que le premier joueur mène deux manches à une. Comment ces deux joueurs doivent-ils alors se partager la mise avant de se séparer ?

Parmi les scientifiques présents ce jour-là, le problème attire tout particulièrement l'attention de deux Français : Pierre de Fermat et Blaise Pascal. Après quelques échanges épistolaires, tous deux finissent par conclure que les trois quarts de la mise doivent revenir au premier joueur et le quart restant au second.

Pour aboutir à cette réponse, les deux savants listèrent l'ensemble des scénarios qu'aurait pu connaître la partie si elle s'était terminée, tout en évaluant les chances d'advenir de chacun d'entre eux. Ainsi, dans l'hypothétique manche suivante, le premier joueur aurait eu 50 % de chances de gagner la partie, tandis que le second joueur aurait eu 50 % de chances de revenir à égalité. Et dans cette seconde éventualité, une nouvelle manche aurait alors été jouée avec autant de chances de gagner pour chacun des deux joueurs, ce qui donne donc deux scénarios ayant chacun 25 % de chances d'advenir. Ce raisonnement peut se traduire par le graphe suivant résumant les différents futurs possibles de la partie.

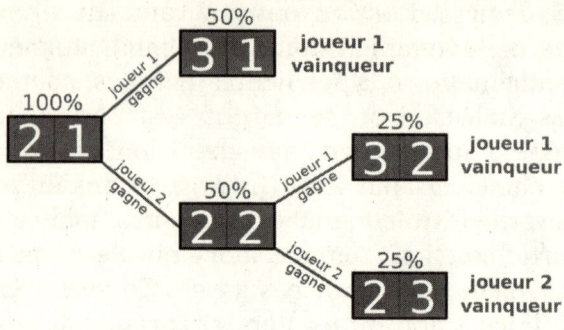

Bref, on constate que 75 % des futurs conduisent à la victoire du premier joueur tandis que seulement 25 % voient celle du second. La conclusion de Pascal et Fermat partage donc l'argent en jeu selon ces mêmes proportions : il est juste que le premier joueur garde 75 % de la mise et le second les 25 % restants.

Le raisonnement des deux savants français va se révéler particulièrement fécond. La plupart des jeux de hasard peuvent être l'objet de ce genre d'examen. Le mathématicien suisse Jacques Bernoulli fut l'un des premiers à leur emboîter le pas en rédigeant, à la fin du XVIIe siècle, un ouvrage intitulé *Ars Conjectandi*, ou *L'Art de conjecturer*, qui ne sera publié qu'en 1713 après sa mort. Dans ce livre, il reprend l'analyse des jeux de hasard classiques et énonce pour la première fois l'un des principes fondamentaux de la théorie des probabilités : la loi des grands nombres.

Cette loi affirme que plus on répète une expérience aléatoire un grand nombre de fois, plus la moyenne des résultats devient prévisible et se rapproche d'une valeur limite. En d'autres termes, même le hasard le plus complet finit, sur le long terme, par donner naissance à des comportements moyens qui n'ont plus rien d'aléatoire.

Pour comprendre ce phénomène, il ne faut pas aller chercher bien loin. La simple étude d'un jeu de pile ou face permet de voir émerger la loi des grands nombres. Si on lance une pièce de monnaie équilibrée, chacun des deux côtés a 50 % de chances de tomber, ce qui peut se représenter par l'histogramme suivant.

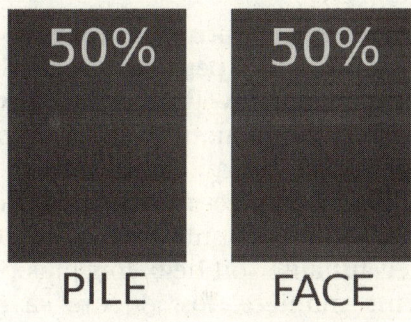

Imaginez maintenant que vous lanciez une pièce deux fois de suite et que vous comptiez le nombre total de piles et de faces. Il y a alors trois possibilités : soit deux piles, soit deux faces, soit un pile et une face. Il serait tentant de penser que ces trois éventualités surviennent dans des proportions égales, mais ce n'est pas le cas. En réalité, il y a 50 % de chances d'obtenir un pile et une face, tandis que les probabilités de deux piles ou deux faces sont de 25 % chacune.

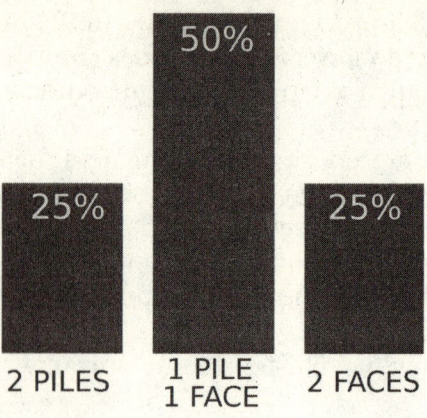

Ce déséquilibre est provoqué par le fait que deux tirages différents peuvent donner le même résultat final. Quand vous lancez deux fois la pièce, il y a en réalité quatre scénarios possibles : pile-pile, pile-face, face-pile et face-face. Les scénarios pile-face et face-pile donnent le même résultat final d'un pile et une face, ce qui explique que cette éventualité soit deux fois plus probable. De la même manière, les joueurs savent bien que si on lance deux dés, leur somme a plus de chance d'être égale à 7 qu'à 12 puisqu'il y a plusieurs façons d'obtenir 7 (1 + 6 ; 2 + 5 ; 3 + 4 ; 4 + 3 ; 5 + 2 et 6 + 1) alors qu'il n'y en a qu'une d'obtenir 12 (6 + 6).

Plus on augmente le nombre de lancers, plus le phénomène s'accentue. Les scénarios qui s'écartent de la moyenne deviennent peu à peu ultra-minoritaires face aux scénarios moyens. Si vous lancez une pièce de monnaie dix fois de suite, il y a environ 66 % de chances pour que vous fassiez entre 4 et 6 piles. Si vous lancez cette même pièce cent fois, vous aurez 96 % de chances d'obtenir entre 40 et 60 piles. Et si vous la lancez mille fois, vous aurez 99,99999998 % de chances de tomber entre 400 et 600 piles.

Si on trace les histogrammes correspondant à 10, 100 et 1 000 lancers, on constate bien que, peu à peu, la grande majorité des futurs possibles se resserre autour de l'axe central, au point que les rectangles correspondant aux situations extrêmes deviennent invisibles à l'œil nu.

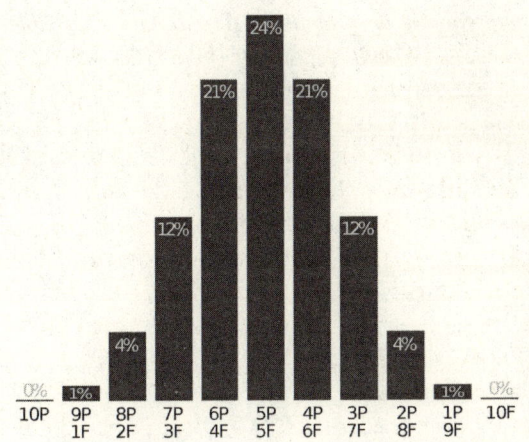

Histogramme de probabilité des scénarios possibles lors du lancer de 10 pièces

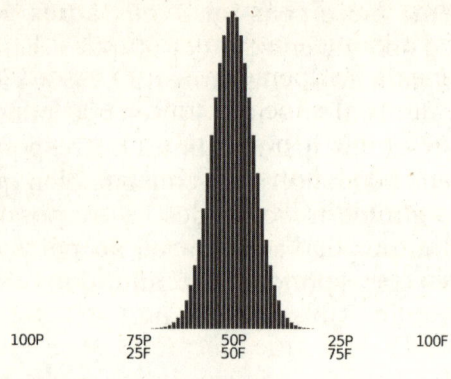

Histogramme de probabilité des scénarios possibles lors du lancer de 100 pièces

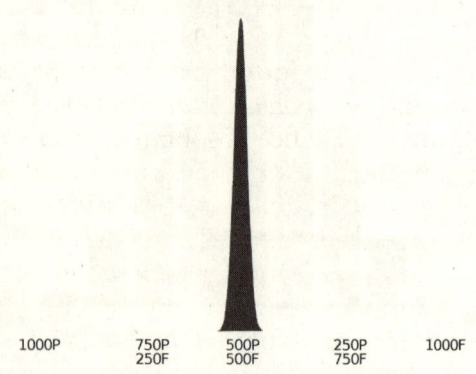

Histogramme de probabilité des scénarios possibles lors du lancer de 1 000 pièces

Bref, voilà ce qu'affirme la loi des grands nombres : en répétant indéfiniment une expérience aléatoire, la moyenne des résultats obtenus se rapprochera inéluctablement d'une valeur limite qui n'a plus rien d'aléatoire.

Ce principe est à la base du fonctionnement des sondages et autres statistiques. Dans une population, prenez 1 000 personnes et demandez-leur si elles préfèrent le chocolat noir ou le chocolat au lait. Si 600 vous répondent noir et 400 au lait, il y a toutes les chances que dans la population entière, même si elle est composée de millions d'individus, la proportion soit également proche de 60 % préférant le noir et 40 % le lait. Interroger une personne prise au hasard sur ses goûts peut être considéré comme une expérience aléatoire au même titre que le lancer d'une pièce de monnaie. Les options pile et face sont simplement remplacées par noir et lait.

Bien sûr, il aurait été possible de jouer de malchance et de tomber sur 1 000 personnes aimant toutes le chocolat noir ou 1 000 personnes aimant toutes le chocolat au lait. Mais ces scénarios extrêmes ont une chance absolument infime d'advenir et la loi des grands nombres nous assure qu'en interrogeant un échantillon suffisamment grand, la moyenne obtenue a de très fortes chances d'être proche de la moyenne de la population entière.

En poussant plus loin le décryptage des multiples scénarios et de leurs chances d'advenir, il est également possible d'établir un intervalle de confiance et d'estimer les risques d'erreur. On pourra par exemple dire qu'il y a 95 % de chances pour que la proportion de la population préférant le chocolat noir se trouve comprise entre 57 % et 63 %. Tout sondage honnêtement conduit devrait d'ailleurs toujours s'accompagner de ces chiffres indiquant sa précision et sa fiabilité.

Le triangle de Pascal

En 1654, Blaise Pascal publie un ouvrage intitulé *Traité du triangle arithmétique*. Il y décrit un triangle composé de cases à l'intérieur desquelles sont inscrits des nombres.

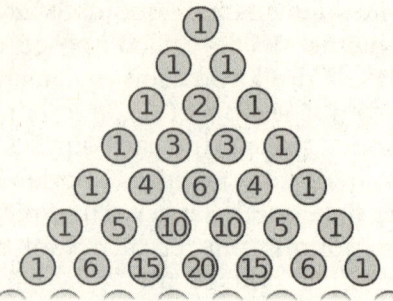

Seules les sept premières lignes sont représentées ici, mais le triangle peut se prolonger à l'infini. Les nombres qui se trouvent dans les cases sont déterminés par deux règles. Premièrement, les cases qui se trouvent sur les bords ne contiennent que des 1. Deuxièmement, les cases intérieures contiennent la somme des deux cases qui se trouvent immédiatement au-dessus d'elles. Par exemple, le nombre 6 qui se trouve sur la cinquième ligne est bien égal à l'addition des deux 3 qui se trouvent au-dessus de lui.

À vrai dire, ce triangle était déjà connu bien avant que Pascal ne s'y intéresse. Les mathématiciens perses al-Karaji et Omar Khayyam l'évoquaient dès le XIe siècle. À la même époque, il est étudié en Chine par Jia Xian dont les travaux seront prolongés au XIIIe siècle par Yang Hui. En Europe, Tartaglia et Viète en avaient également eu connaissance. Pourtant, Blaise Pascal est bien le premier à y consacrer un traité aussi détaillé et complet. Il est également le premier à découvrir l'existence d'un lien étroit entre le triangle et le comptage des futurs en probabilité.

Chaque ligne du triangle de Pascal permet en effet de dénombrer le nombre de scénarios possibles d'une succession d'événements à deux issues tels que le pile ou face. Si vous lancez une pièce trois fois de suite, alors il y a huit futurs possibles : pile-pile-pile, pile-pile-face, pile-face-pile, pile-face-face, face-pile-pile, face-pile-face, face-face-pile et face-face-face. Lorsqu'on fait le bilan, on se rend compte que sur ces huit futurs :
- 1 scénario donne trois piles ;
- 3 scénarios donnent deux piles et une face ;
- 3 scénarios donnent un pile et deux faces ;
- 1 scénario donne trois faces.

Or cette séquence de nombres, 1-3-3-1, correspond exactement à la quatrième ligne du triangle. Cela n'est pas un hasard et c'est ce qu'est parvenu à démontrer Pascal.

En regardant sur la sixième ligne, il est par exemple possible de voir qu'en lançant cinq fois une pièce, il y a 10 scénarios qui donnent 2 piles et 3 faces. En allant plus loin dans le triangle, il devient possible de dénombrer facilement les scénarios résultant de dix lancers d'une pièce : ils sont inscrits sur la 11e ligne. Cent lancers seront donnés par la 101e ligne et ainsi de suite. C'est d'ailleurs grâce au triangle de Pascal que les histogrammes présentés précédemment ont pu être tracés facilement. Sans ça, le nombre de futurs devient si prodigieusement grand qu'il est vite impossible de tous les lister individuellement.

Au-delà des probabilités, le triangle de Pascal va également révéler de nombreux liens avec d'autres domaines des mathématiques. Les nombres qui s'y trouvent sont par exemple d'une grande utilité dans les manipulations algébriques qui permettent de résoudre certaines équations. On peut également retrouver dans ses cases plusieurs suites de nombres bien connues tels que les nombres triangulaires (1, 3, 6, 10...) sur l'une de ses diagonales ou la suite de Fibonacci

(1, 1, 2, 3, 5, 8...) en faisant l'addition des termes le long de droites parallèles inclinées.

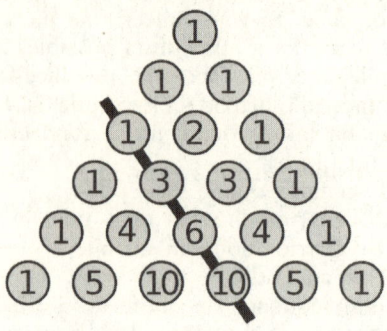

La suite des nombres triangulaires dans le triangle de Pascal

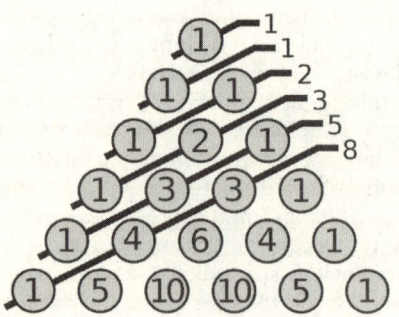

La suite de Fibonacci dans le triangle de Pascal

Dans les siècles qui suivirent, la théorie des probabilités développa des outils de plus en plus fins et puissants pour analyser l'ensemble des futurs possibles. Bientôt, une collaboration étroite et fructueuse se lia avec le calcul infinitésimal. De nombreux phénomènes aléatoires produisent en effet des futurs pouvant subir des variations infiniment petites. Dans un modèle météorologique, par exemple, la température varie de façon continue. Tout comme un segment a une longueur alors que les points qui le composent n'en ont pas, certains événements peuvent advenir alors que chacun des futurs qui le composent n'a aucune chance d'arriver individuellement. La probabilité pour que, dans une semaine, il fasse exactement 23,41 degrés ou n'importe quelle autre température précise est égale à 0. Pourtant, la probabilité globale pour que la température soit comprise entre 0° et 40° est bel et bien positive !

Un autre enjeu de la théorie des probabilités fut de comprendre le comportement de systèmes aléatoires capables de se modifier eux-mêmes. Une pièce de monnaie reste la même, qu'on l'ait tirée une ou mille fois, mais beaucoup de situations réelles ne sont pas aussi simples. En 1930, le mathématicien hongrois George Pólya publia un article dans lequel il cherche à comprendre la propagation d'une épidémie au sein d'une population. La subtilité de ce modèle vient du fait qu'une épidémie se propage plus vite quand un grand nombre de personnes sont déjà atteintes.

S'il y a beaucoup de malades dans votre entourage, vous aurez plus de chances de tomber à votre tour malade. Et si vous tombez malade, c'est vous qui augmentez les risques pour les personnes qui vous entourent. En bref, le processus s'autoalimente et les probabilités sont en évolution permanente. C'est ce que l'on appelle le hasard renforcé.

Les processus aléatoires renforcés connurent par la suite de nombreuses variantes et de multiples applications. L'une des plus fertiles fut leur utilisation en dynamique des populations. Prenez une population animale dont vous souhaitez suivre l'évolution des caractères biologiques ou génétiques au fil des générations. Imaginez, par exemple, que 60 % de ses individus ont les yeux noirs et 40 % les yeux bleus. Alors, par hérédité, les nouveaux individus qui naissent ont 60 % de chance d'avoir les yeux noirs et 40 % de les avoir bleus. L'évolution de la couleur des yeux dans cette population a donc une dynamique similaire à la propagation d'une épidémie : plus il y a d'une certaine couleur, plus cette couleur a de chances d'apparaître à nouveau, donc d'augmenter sa proportion. Le processus s'autoalimente.

Ainsi, l'étude du modèle de Pólya permet d'évaluer les probabilités d'évolution des différents caractères biologiques des espèces. Certains peuvent finir par disparaître. D'autres, au contraire, peuvent s'imposer dans l'ensemble de la population. D'autres encore s'installent dans un équilibre intermédiaire et ne subissent que de petites variations au fil des générations. Il n'est pas possible de savoir à l'avance lequel de ces scénarios se produira, mais, comme pour le jeu de pile ou face, les probabilités permettent de dégager les futurs majoritaires et de prévoir les évolutions les plus probables à long terme.

Lorsque George Pólya mourut en 1985, j'avais à peine un an. Il m'est ainsi permis de dire que je fus contemporain, le temps de quelques mois, de celui qui initia la théorie sur laquelle je devais moi-même travailler et découvrir plusieurs théorèmes.

Sans trop entrer dans les détails, mes résultats concernent l'évolution de plusieurs processus aléatoires renforcés qui interagissent occasionnellement. Imaginez par exemple plusieurs troupeaux d'une même espèce vivant séparément sur un même territoire, mais permettant de temps en temps la migration de quelques individus d'un groupe à un autre. Quels futurs sont possibles et comment calculer leurs probabilités ? Voilà des questions auxquelles mes recherches ont apporté des éléments de réponses.

Oh, bien sûr, mes théorèmes sont modestes et il est audacieux d'oser les mentionner au milieu de cette grande histoire formée de tant de grands noms. Si j'ai été, je le crois, durant mes quatre années de thèse, un honnête chercheur faisant correctement son travail, mes découvertes restent d'une importance bien dérisoire comparée à celles de nombreux autres mathématiciens bien plus brillants que moi. Elles furent cependant suffisantes pour convaincre le jury auquel je les exposais, une heure durant, ce 8 juin 2012 à m'accorder le titre de docteur.

Il est assez émouvant d'entrer, par cette cérémonie, dans le flot d'une histoire si prestigieuse. Ce mot de docteur vient du latin *docere* signifiant « enseigner ». Le docteur est donc celui qui a acquis une maîtrise suffisante de son sujet pour pouvoir la transmettre à son tour. Depuis la fin du Moyen Âge, les universités, héritières modernes du Mouseîon d'Alexandrie ou du Bayt al-Hikma de Bagdad, délivrent le doctorat et offrent à la recherche et à l'enseignement scientifique un cadre institutionnel stable et pérenne.

Les sciences ont depuis amorcé un mouvement qui voit, siècle après siècle, se succéder chercheurs, enseignants et élèves dans un roulement quasi permanent des générations. Chose amusante, avec ce fonctionnement, il est possible de remonter l'ascendance académique des scientifiques. Si ma directrice de thèse est la mathématicienne Vlada Limic, elle-même avait eu pour directeur le probabiliste britannique David Aldous quelques années auparavant. Et on peut continuer longtemps comme ça. En remontant, d'élève en maître, il est ainsi possible de retracer la « généalogie » complète d'un mathématicien. Voyez ci-contre ma lignée qui remonte au XVIe siècle sur plus de vingt générations !

Mon plus lointain ancêtre est donc le mathématicien Niccolò Tartaglia que nous avons déjà rencontré. Impossible de remonter plus loin, le savant italien est un autodidacte. Issu d'une famille pauvre, la légende prétend même que le jeune Tartaglia dut voler à son école les livres dans lesquels il apprit les mathématiques.

Dans cette généalogie, vous croisez également Galilée et Newton qu'il n'est plus nécessaire de présenter. Dans un coin, voyez aussi Marin Mersenne qui créa l'Académie parisienne où naquit la théorie des probabilités. Son élève Gilles Personne de Roberval est l'inventeur de la balance à deux fléaux qui porte son nom. Un peu plus loin, Georges Darwin est le fils de Charles Darwin, père de la théorie de l'évolution.

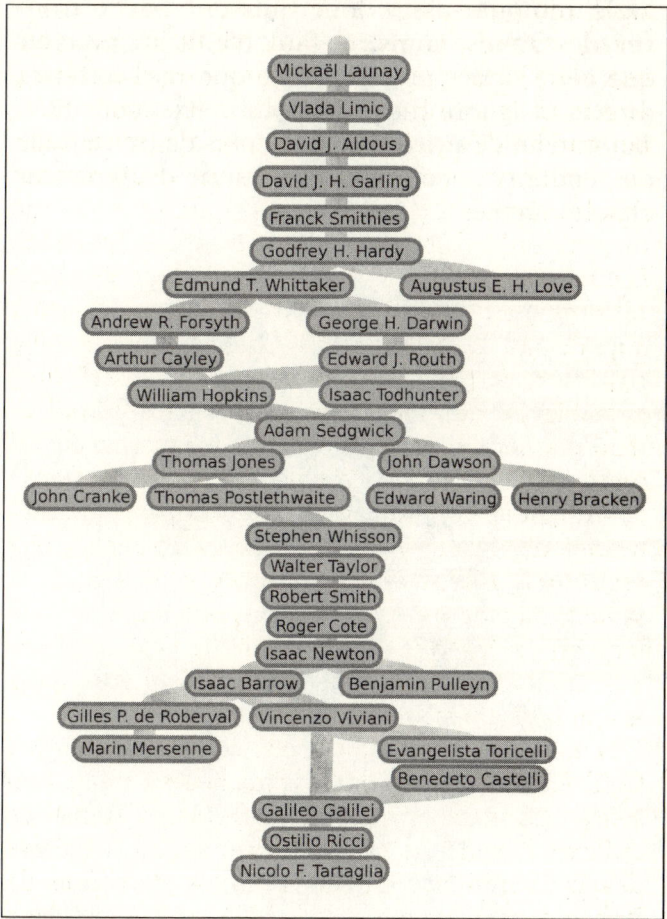

Il n'y a rien de particulièrement exceptionnel à rencontrer de tels personnages dans cette lignée, la plupart des mathématiciens dont la généalogie remonte assez loin finissent par y trouver de grands noms. Il faut d'ailleurs préciser que cette figure ne représente que mes ancêtres directs et ignore mes très nombreux « cousins ». Aujourd'hui, Tartaglia possède plus de treize mille descendants et ce nombre continue d'augmenter chaque année.

16

L'arrivée des machines

La station de métro Arts et Métiers est l'une des plus étranges de Paris. Le voyageur qui y descend se retrouve soudain comme englouti dans le ventre de cuivre d'un gigantesque sous-marin. De grands engrenages rougeâtres sortent du plafond et une dizaine de hublots s'alignent sur ses flancs. Jetez un œil à travers et vous y découvrirez de curieuses saynètes représentant diverses inventions anciennes ou insolites. Engrenages elliptiques, astrolabe sphérique et roues hydrauliques y côtoient un aéronef dirigeable ou un convertisseur sidérurgique. Sans le flot perpétuel des Parisiens empressés s'engouffrant et surgissant sans cesse des couloirs souterrains, à peine serait-on étonné de voir paraître devant nous la figure imposante du capitaine Nemo tout droit sorti du roman de Jules Verne.

Le décor du métro n'est pourtant qu'un avant-goût de ce qui nous attend à la surface. Aujourd'hui, je me rends au Conservatoire national des arts et métiers, ou CNAM, dont le musée présente l'une des plus importantes collections de machines anciennes en tout genre. Des premières voitures motorisées aux télégraphes à cadran, en passant par les manomètres à piston, les horloges hollandaises à automates, les piles à colonne, les métiers à tisser à cartes perforées, les presses typographiques à vis ou les baromètres à siphon, toutes ces inventions ressurgies du passé m'entraînent dans l'étourdissant tourbillon technologique des quatre derniers siècles. Suspendu au milieu du grand escalier, je croise un aéroplane du XIXe siècle aux airs de chauve-souris gigantesque. Au détour d'un couloir, me voilà face à face avec le Lama, premier robot imaginé par les savants russes du XXe siècle pour rouler à la surface de la planète Mars.

Je passe rapidement devant tous ces objets fabuleux et je file directement au deuxième étage. C'est là que se trouve la galerie des instruments scientifiques. Voici les lunettes astronomiques, les clepsydres, les boussoles, les balances de Roberval, les thermomètres gigantesques et de sublimes globes astronomiques pivotant sur leurs axes ! Et puis soudain, au coin d'une vitrine, j'aperçois celle pour laquelle je suis venu ici : la pascaline. Cette curieuse machine se présente sous la forme d'un coffret en laiton de 40 centimètres de long sur 20 de large à la surface duquel six roues numérotées sont fixées. Ce mécanisme fut imaginé en 1642 par Blaise Pascal alors âgé de seulement 19 ans. J'ai devant moi la toute première machine à calculer de l'histoire.

La première ? Pour être honnête, il existait déjà des dispositifs permettant de faire des calculs bien avant le XVIIe siècle. D'une certaine manière, les doigts furent la première calculatrice de tous les temps et les *Homo sapiens* ont très tôt utilisé divers accessoires pour compter. L'os Isangho et ses entailles, les jetons d'argile d'Uruk, les bâtonnets des anciens Chinois, ou encore les bouliers qui connurent un grand succès dès l'Antiquité, tous ces instruments servent de support à la numération et au calcul. Pourtant, aucun d'entre eux ne rentre dans la définition que l'on donne généralement aux machines à calculer.

Pour le comprendre, prenons quelques instants pour détailler le fonctionnement d'un boulier classique. L'objet est composé de plusieurs tiges sur lesquelles coulissent des boules percées. La première tige correspond aux unités, la deuxième aux dizaines, la troisième aux centaines et ainsi de suite. Ainsi, si vous voulez inscrire le nombre 23, vous poussez deux boules dans la colonne des dizaines et trois dans celle des unités. Et si vous voulez ajouter 45, vous poussez quatre dizaines et cinq unités supplémentaires, ce qui donne 68.

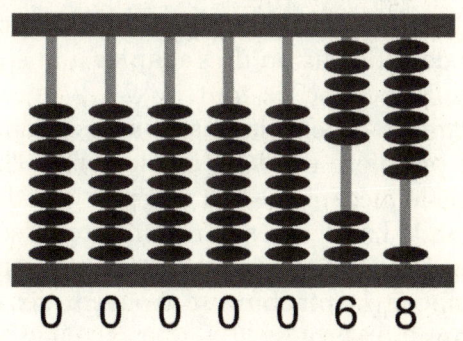

Si, en revanche, l'addition présente une retenue, il faut faire une petite manipulation supplémentaire. Pour ajouter 5 à 68, il ne vous reste qu'une boule disponible sur la tige des unités. Dans ce cas, une fois arrivé à 9, il faut faire redescendre toutes les boules pour poursuivre les unités à partir de 0, tout en avançant une boule de retenue dans la colonne des dizaines. Vous trouvez bien 73.

Cette manipulation n'est pas bien compliquée, mais c'est pourtant elle qui va empêcher le boulier, et tous les mécanismes précédant la pascaline d'accéder au titre de machine à calculer. Pour effectuer la même opération, l'utilisateur ne fait pas le même geste selon la présence ou non d'une retenue. La machine n'est en réalité qu'un aide-mémoire qui rappelle à l'humain où il en est, mais lui laisse toujours le soin d'opérer à la main les différentes étapes du calcul. Lorsque au contraire vous faites une addition sur une calculatrice moderne, vous ne vous préoccupez absolument pas de la façon dont la machine trouve le résultat. Il peut y avoir ou ne pas y avoir de retenues, ce n'est pas votre affaire ! Plus besoin de réfléchir ou de s'adapter à la situation, l'appareil s'occupe de tout.

Suivant ce critère, la pascaline est donc bel et bien la première machine à calculer de l'histoire. Quoique le mécanisme soit très précis et demande une grande habileté à son constructeur, son principe de fonctionnement reste assez simple. Sur le dessus de la machine se trouvent six roues à dix crans numérotés.

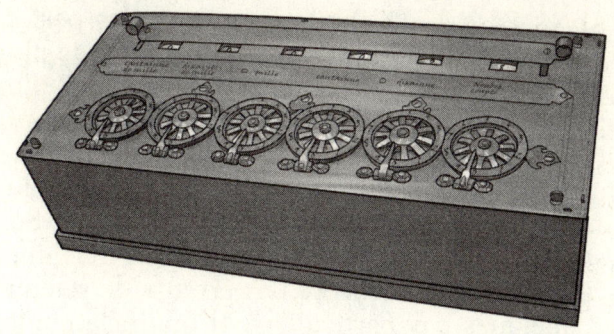

La première roue à droite représente le chiffre des unités, la deuxième le chiffre des dizaines et ainsi de suite. Au-dessus des roues se trouve la zone d'affichage composée de six petites cases, une par roue, indiquant chacune un chiffre. Pour inscrire le nombre 28, faites simplement tourner la roue des dizaines de deux crans dans le sens des aiguilles d'une montre et celle des unités de huit crans. Par un système interne d'engrenages, vous verrez alors apparaître les chiffres 2 et 8 dans les deux cases correspondantes. Et si maintenant, vous souhaitez ajouter 5 à ce nombre, pas besoin de faire vous-même la retenue : tournez simplement la roue des unités de cinq crans et au moment où celle-ci repassera de 9 à 0, le chiffre des dizaines passera automatiquement de 2 à 3. La machine affiche désormais 33.

Et cela marche avec autant de retenues que vous voulez. Affichez 99999 sur la pascaline, puis tournez la roue des unités d'un cran. Vous verrez toutes les retenues se propager en cascade vers la gauche pour faire apparaître le nombre 100000, sans que l'utilisateur n'ait eu à faire aucun autre geste !

Après Pascal, de nombreux inventeurs perfectionnèrent sa machine pour pouvoir faire de plus en plus d'opérations de manière toujours plus rapide et efficace. À la fin du XVIIe siècle, Leibniz fut l'un des premiers à lui emboîter le pas en imaginant un mécanisme permettant de faire plus simplement les multiplications et les divisions. Son système reste toutefois incomplet et les machines qu'il fabrique font encore des erreurs de retenue sur quelques cas particuliers. Il faudra attendre le XVIIIe siècle pour que ses idées soient pleinement mises en place. De multiples prototypes toujours plus fiables et performants voient alors le jour sous l'impulsion d'inventeurs toujours plus ingénieux et imaginatifs. La complexification des mécanismes se fait toutefois au prix de la taille des machines qui, d'objets de dimension modeste, deviennent parfois de véritables petits meubles.

Au XIXe siècle, les machines à calculer se démocratisent et connaissent une propagation assez semblable à celle de leurs cousines, les machines à écrire. Nombre de cabinets comptables, d'hommes d'affaires ou tout simplement de commerçants, se dotent de ces calculatrices qui s'intègrent dans le décor et savent rapidement se rendre indispensables. On se demande bien comment on avait pu s'en passer jusque-là.

En poursuivant ma visite du musée, je croise plusieurs des successeurs de la pascaline. Il y a là l'arithmomètre de Thomas de Colmar, la machine à multiplier de Léon Bollée, l'arithmographe polychrome de Dubois ou encore le comptomètre de Felt et Tarrant. L'un des mécanismes qui connut le plus grand succès fut l'arithmomètre mis au point en Russie par l'ingénieur suédois Willgodt Theophil Odhner. Cette machine est composée de trois éléments principaux : la partie haute sur laquelle on indique à l'aide de petits leviers le nombre que l'on veut opérer, la partie basse constituée d'un chariot pouvant se décaler horizontalement et sur lequel s'affiche le résultat de l'opération et, sur la droite, la manivelle permettant d'effectuer l'opération.

À chaque tour de manivelle, le nombre indiqué dans la partie haute s'additionne au nombre déjà affiché sur le chariot du bas. Pour faire une soustraction, tournez simplement la manivelle dans l'autre sens.

Imaginez maintenant que vous vouliez effectuer la multiplication 374 × 523. Indiquez le nombre 374 dans la partie haute et donnez trois tours de manivelle. La partie basse affiche alors 1122, résultat de l'opération 374 × 3. Décalez alors le chariot d'affichage d'un cran en direction des dizaines et donnez deux nouveaux coups de manivelle. Le nombre 8 602, qui correspond au produit de 374 par 23, s'affiche. Décalez encore le chariot d'un cran pour passer aux centaines, donnez cinq coups de manivelles et voilà votre résultat : 195 602. Avec un peu d'habitude et d'entraînement, il ne vous aura fallu que quelques secondes pour effectuer votre multiplication.

En 1834, une idée pour le moins saugrenue traverse l'esprit du mathématicien britannique Charles Babbage. Celle de croiser une machine à calculer avec un métier à tisser ! Depuis quelques années, le fonctionnement des métiers à tisser a connu plusieurs améliorations. L'une d'elle est l'introduction des cartes perforées permettant à une même machine de produire des motifs d'une grande variété sans avoir à changer ses réglages. Selon la présence ou non d'un trou à un endroit de la carte, un crochet articulé traverse ou ne traverse pas, et le fil de trame passe au-dessus ou en dessous du fil de chaîne. Bref, il suffit de reporter le motif voulu sur la carte perforée et la machine s'adapte ensuite d'elle-même.

Sur ce modèle, Babbage imagine une calculatrice mécanique qui ne serait pas dévouée à faire certains calculs précis, comme des additions ou des multiplications, mais capable d'adapter son comportement et de réaliser des millions d'opérations différentes en fonction d'une carte perforée qu'on y insère. Plus précisément, cette machine peut réaliser toutes les opérations polynomiales, c'est-à-dire les calculs qui combinent dans un ordre quelconque les quatre opérations de base et les puissances. De la même façon que la pascaline permettait à son utilisateur de faire le même mouvement, quels que soient les nombres utilisés, la machine de Babbage permet de faire les mêmes mouvements quelles que soient les opérations réalisées. Plus besoin, comme c'était le cas par exemple avec la calculatrice d'Odhner, de tourner la manivelle dans le sens opposé selon qu'on fait une addition ou une soustraction. Il suffit d'écrire son calcul sur la carte perforée et la machine s'occupe de tout. Ce fonctionnement révolutionnaire fait de la machine de Babbage le tout premier ordinateur de l'histoire.

Son fonctionnement pose tout de même un nouveau défi. Pour effectuer un calcul, il faut être capable de fournir à la machine la carte perforée adéquate. Cette dernière est composée d'une succession de trous et de pleins que le mécanisme va détecter et qui vont lui indiquer étape après étape quelles opérations doivent être effectuées. L'utilisateur de la machine doit donc, avant même de la lancer, traduire le calcul qu'il souhaite faire en une succession de pleins et de trous lisibles par la machine.

Ce travail de traduction, c'est la mathématicienne britannique Ada Lovelace qui va le poursuivre et le développer. Cette dernière va se pencher sur le fonctionnement de la machine et comprendre, plus peut-être que Babbage ne l'avait lui-même imaginé, tout son potentiel. Elle va notamment décrire un code complexe permettant de calculer la suite de Bernoulli, extrêmement utile en calcul infinitésimal et découverte plus d'un siècle auparavant par le Suisse Jacques Bernoulli. Ce code est généralement considéré comme le tout premier programme informatique et fait de Lovelace la première programmeuse de l'histoire.

Ada Lovelace mourut en 1852 à l'âge de 36 ans. Charles Babbage essaya toute sa vie de construire sa machine, mais mourut en 1871 avant que son prototype soit terminé. Il faudra attendre le XXe siècle pour que l'on puisse voir enfin tourner une machine de Babbage. Observer l'une de ces calculatrices en mouvement a quelque chose d'à la fois impressionnant et féerique. Ses dimensions imposantes (aux alentours de deux mètres de haut sur trois de large) et le ballet coordonné des centaines d'engrenages qui s'agitent et tourbillonnent dans son ventre, laissent une impression à la fois étourdissante et merveilleuse.

Le prototype non achevé du savant britannique a aujourd'hui trouvé sa place au Science Museum de Londres où l'on peut encore l'admirer. Un exemplaire fonctionnel reconstitué au début du XXIe siècle peut quant à lui être vu en démonstration au Computer History Museum de Mountain View en Californie.

Le XXe siècle va voir le triomphe des ordinateurs dans des proportions que Babbage et Lovelace n'auraient sans doute jamais imaginées. Les machines à calculer vont bénéficier des retombées convergentes des mathématiques les plus anciennes et les plus récentes.

D'un côté, le calcul infinitésimal et les nombres imaginaires permirent la mise en équation des phénomènes électromagnétiques qui allaient bientôt donner naissance aux appareils électroniques. De l'autre, le XIXe siècle a vu renaître les questions touchant aux fondements des mathématiques, aux axiomes et aux raisonnements élémentaires permettant de faire des démonstrations. Le premier point va offrir aux machines une infrastructure matérielle d'une rapidité hors du commun, le second va permettre l'organisation efficace des calculs élémentaires pour produire les résultats les plus complexes.

L'un des principaux artisans de cette révolution fut le mathématicien britannique Alan Turing. Ce dernier publia en 1936 un article dans lequel il établit un parallèle entre la possibilité en mathématique de démontrer un théorème et celle en informatique de faire calculer un résultat à une machine. Il y décrit pour la première fois le fonctionnement d'une machine abstraite qui prendra son nom et qui reste encore largement utilisée en informatique théorique. La machine de Turing est purement imaginaire. Le mathématicien britannique ne se préoccupe pas des mécanismes concrets par lesquels elle pourrait être construite. Il pose simplement les opérations élémentaires que peut réaliser sa machine, puis se demande ce qu'elle est capable d'obtenir en les combinant entre elles. On perçoit bien ici l'analogie avec un mathématicien posant ses axiomes puis tentant d'en déduire des théorèmes en les combinant entre eux.

La suite d'instructions que l'on donne à une machine pour aboutir à un résultat se nomme un algorithme, déformation latine du nom d'al--Khwārizmī. Il faut dire que les algorithmes informatiques vont largement s'inspirer de procédures de résolutions de problèmes déjà connues par les anciens. Souvenez-vous qu'al--Khwārizmī, dans son *al-jabr*, non seulement considérait des objets mathématiques abstraits, mais donnait aussi des méthodes pratiques permettant aux citoyens de Bagdad de trouver la solution à leurs problèmes sans avoir forcément saisi toute la théorie. De même, un ordinateur n'a pas besoin qu'on lui explique la théorie qu'il est de toute façon incapable de comprendre. Il a simplement besoin qu'on lui indique quels calculs doivent être faits et dans quel ordre.

Tenez, voici un exemple d'algorithme que l'on peut fournir à une machine. Cette dernière possède trois cases de mémoire dans lesquelles des nombres peuvent être inscrits. Saurez-vous deviner ce que cet algorithme va calculer ?

Étape A. Inscrire le nombre 1 dans la case mémoire n°1, puis passer à l'étape B.
Étape B. Inscrire le nombre 1 dans la case mémoire n°2, puis passer à l'étape C.
Étape C. Inscrire la somme de la case mémoire n°1 et de la case mémoire n°2 dans la case mémoire n°3, puis passer à l'étape D.
Étape D. Inscrire le nombre de la case mémoire n°2 dans la case mémoire n°1, puis passer à l'étape E.
Étape E. Inscrire le nombre de la case mémoire n°3 dans la case mémoire n°2, puis passer à l'étape C.

Vous pouvez remarquer que la machine va tourner en boucle puisque l'étape E revient à l'étape C. Les étapes C, D et E vont donc se répéter à l'infini.

Alors ? Que fait cette machine ? Il faut un peu de réflexion pour décrypter cette suite d'instructions donnée froidement et sans explications. Vous pourrez pourtant comprendre que cet algorithme calcule des nombres que nous connaissons déjà bien, puisqu'il s'agit des termes de la suite de Fibonacci[1] ! Les étapes A et B initialisent les deux premiers termes de la suite : 1 et 1. L'étape C calcule la somme des deux termes précédents. Les étapes D et E décalent ensuite les résultats obtenus dans la mémoire de façon à pouvoir recommencer. Si vous observez les données qui s'affichent successivement dans les cases mémoire pendant le fonctionnement de la machine, vous verrez alors défiler les nombres 1, 1, 2, 3, 5, 8, 13, 21, et ainsi de suite.

Si cet algorithme est relativement simple, il ne l'est toutefois pas encore assez pour pouvoir être lu par des machines de Turing. Telles que définies par leur auteur, ces machines ne sont en effet pas capables de faire une addition, comme c'est le cas à l'étape C. Ses seules facultés sont d'écrire, de lire et de se déplacer dans la mémoire en suivant les instructions données à chaque étape. Il est cependant possible de lui apprendre l'addition en lui fournissant l'algorithme par lequel les chiffres s'additionnent rang par rang et en tenant compte des retenues, comme pour le boulier. En d'autres termes, l'addition ne fait pas partie des axiomes de la machine, mais constitue déjà un de ses théorèmes dont il faut donner l'algorithme pour pouvoir l'utiliser. Une fois cet algorithme écrit, il suffit de le substituer à l'étape C pour qu'une machine de Turing puisse calculer les nombres de Fibonacci.

---

1. Souvenez-vous, les deux premiers termes de la suite de Fibonacci sont 1 et 1, puis chaque terme est la somme des deux précédents. La suite débute ainsi : 1, 1, 2, 3, 5, 8, 13, 21...

En montant en complexité, il est ensuite possible d'apprendre à une machine de Turing à faire des multiplications, des divisions, des carrés, des racines carrées, à résoudre des équations, à calculer des approximations de π ou des rapports trigonométriques, à déterminer les coordonnées cartésiennes de figures géométriques ou encore à faire du calcul infinitésimal. Bref, pourvu qu'on lui fournisse les bons algorithmes, une machine de Turing peut faire toutes les mathématiques dont nous avons parlé jusqu'à présent et aller bien plus loin en précision.

Le théorème des quatre couleurs

Prenez la carte d'un territoire composé de plusieurs régions délimitées par leurs frontières. Combien de couleurs faut-il au minimum pour pouvoir colorier cette carte de façon à ce que deux régions limitrophes ne soient jamais de la même couleur ?

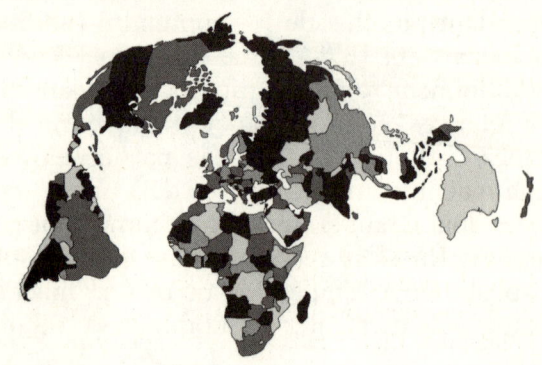

En 1852, le mathématicien sud-africain Francis Guthrie se pencha sur la question et conjectura que quelle que soit la carte, il est toujours possible de n'utiliser que quatre couleurs. Après lui, de nombreux savants tentèrent de démontrer cet énoncé, mais personne n'y parvint pendant plus d'un siècle.

Quelques avancées furent toutefois produites et il fut établi que toutes les cartes possibles pouvaient se réduire à 1 478 cas particuliers, chacun d'entre eux nécessitant de nombreuses vérifications. Seulement voilà : impossible pour un être humain, et même pour une équipe entière d'humains, de faire toutes ces vérifications eux-mêmes. Une vie entière n'y aurait pas suffi. Imaginez un peu la frustration de ces mathématiciens, ayant sous la main la méthode permettant de prouver ou d'infirmer la conjecture, mais ne pouvant pas l'utiliser pour une question de temps !

Dans les années 1960, l'idée de faire appel à un ordinateur commence alors à germer dans l'esprit de quelques chercheurs et en 1976, ce sont finalement deux Américains, Kenneth Appel et Wolfgang Haken, qui annoncent avoir enfin prouvé le théorème. Il aura tout de même fallu plus de 1 200 heures de calculs et 10 milliards d'opérations élémentaires à la machine pour venir à bout des 1 478 cartes.

L'annonce fait l'effet d'une bombe dans le milieu mathématique. Comment doit-on accueillir cette « démonstration » d'un genre nouveau ? Peut-on accepter la validité d'une démonstration si longue qu'aucun être humain n'a pu la lire en entier ? Jusqu'à quel point peut-on faire confiance aux machines ?

Ces questions susciteront beaucoup de débats. Si certains avancèrent que l'on ne pouvait pas être sûr à 100 % que la machine ne s'était pas trompée, d'autres répliquèrent que l'on pouvait en dire autant des humains. Un mécanisme électronique vaut-il moins que le mécanisme biologique qu'est un *Homo sapiens* ? Une preuve produite par une machine métallique est-elle moins fiable qu'une preuve fournie par une machine organique ? On a vu souvent des mathématiciens,

> et parfois des plus grands, commettre des erreurs qui ne furent détectées que bien plus tard. Cela doit-il nous faire douter du bien-fondé de l'ensemble de l'édifice mathématique ? Une machine peut, sans doute, avoir des bugs et commettre parfois des erreurs, mais si sa fiabilité est au moins égale à celle d'un humain (et elle l'est souvent plus) il n'y a pas de raison de rejeter leurs résultats.
>
> Aujourd'hui, les mathématiciens ont appris à faire confiance aux ordinateurs et la plupart d'entre eux considèrent désormais valide la démonstration du théorème des quatre couleurs. De nombreux autres résultats furent depuis prouvés avec l'aide de l'informatique. Pourtant, ce genre de méthode n'est pas toujours très apprécié. Une preuve concise forgée de main d'homme reste bien souvent considérée comme plus élégante. Si l'objectif des mathématiques est de comprendre les objets abstraits qu'on y manipule, les preuves humaines sont beaucoup plus instructives et permettent généralement de mieux en saisir le sens profond.

Le 10 mars 2016, le monde a les yeux braqués vers Séoul. C'est là que se tient le match tant attendu de jeu de go opposant le meilleur joueur du monde, le Coréen Lee Sedol, à l'ordinateur AlphaGo. La partie retransmise en direct sur Internet et par plusieurs chaînes de télévision est suivie par des centaines de millions de personnes dans le monde. L'ambiance est tendue. Jamais encore un ordinateur n'a battu un humain de ce niveau.

Le go est réputé être l'un des jeux les plus difficiles à apprendre à une machine. Sa stratégie demande aux joueurs une importante dose d'intuition et de créativité. Or, si les machines sont très fortes en calcul, il est bien plus difficile de trouver des algorithmes simulant des comportements instinctifs. D'autres jeux célèbres, comme les échecs, sont bien plus calculatoires. C'est la raison pour laquelle l'ordinateur Deep Blue était parvenu à battre le champion russe d'échecs Garry Kasparov dès 1997 dans un match qui avait également fait grand bruit. Sur d'autres jeux comme les dames, les ordinateurs sont même parvenus à mettre au point une stratégie imbattable. Plus aucun humain ne peut espérer battre un ordinateur aux dames. Tout juste peut-il arracher une partie nulle en jouant à la perfection. Dans la famille des grands jeux de stratégie, le go restait donc en 2016 le dernier à résister encore et toujours à l'assaut des machines.

Au bout d'une heure de jeu, nous sommes au trente-septième coup et la partie semble serrée. C'est alors qu'AlphaGo va stupéfier tous les spécialistes qui suivent la partie. L'ordinateur décide de jouer sa pierre noire en position O10. Sur Internet, le commentateur qui décrypte et analyse les coups en direct écarquille les yeux, pose la pierre sur son plateau de démonstration, puis la reprend en hésitant. Il revérifie sur son écran et la replace finalement. « C'est un coup, très étonnant ! » s'exclame-t-il alors dans un sourire perplexe. « Ce doit être une erreur », reprend le deuxième animateur. Aux quatre coins du monde, les plus grands spécialistes du jeu expriment la même stupéfaction. L'ordinateur venait-il de faire une énorme erreur ou venait-il au contraire d'avoir un coup de génie ? Trois heures et demie et cent soixante-quatorze coups plus tard, la réponse tomba sans appel avec l'abandon du champion coréen. La machine avait gagné.

Après la partie, les adjectifs ne manquèrent pas pour qualifier le fameux coup 37. Créatif. Unique. Fascinant. Aucun humain n'aurait joué un tel coup que les stratégies traditionnelles considèrent comme mauvais, mais qui venait pourtant de mener à la victoire ! La question se pose alors : comment un ordinateur, qui pourtant ne fait que suivre un algorithme écrit par des humains peut-il faire preuve de créativité ?

La réponse à cette question se trouve dans de nouveaux types d'algorithmes d'apprentissage. Les programmeurs n'ont pas réellement appris à jouer à l'ordinateur. Ils lui ont appris à apprendre à jouer ! Durant ses séances d'entraînement, AlphaGo a passé des milliers d'heures à jouer contre lui-même et à détecter tout seul les coups menant à la victoire. Une autre de ses caractéristiques est l'introduction du hasard dans son algorithme. Les combinaisons possibles au go sont bien trop nombreuses pour pouvoir être toutes calculées, même par un ordinateur. Pour y remédier, AlphaGo tire au sort les voies qu'il va explorer et utilise la théorie des probabilités. L'ordinateur ne teste qu'un petit échantillon de toutes les combinaisons possibles et, de la même façon qu'un sondage estime les caractéristiques d'une population entière à partir d'un petit groupe, détermine les coups qui ont le plus de chance de le mener à la victoire. Voilà en partie le secret de l'intuition et de l'originalité d'AlphaGo : ne pas réfléchir de façon systématique, mais peser les futurs possibles selon leurs probabilités.

Au-delà des jeux de stratégie, les ordinateurs, munis d'algorithmes de plus en plus complexes et performants, semblent aujourd'hui en mesure de dépasser les hommes dans la plupart de leurs compétences. Ils conduisent des voitures, participent à des opérations chirurgicales, peuvent créer de la musique ou peindre des tableaux originaux. Difficile d'imaginer une activité humaine qui, d'un point de vue technique, ne puisse être réalisée par une machine pilotée par un algorithme adapté.

Face à ces progrès fulgurants accomplis en quelques décennies seulement, qui sait ce dont seront capables les ordinateurs du futur ? Et qui sait s'ils ne seront pas un jour en mesure d'inventer seuls de nouvelles mathématiques ? Pour l'instant, le jeu mathématique reste trop complexe pour que les ordinateurs puissent y laisser libre cours à leur créativité. Leur utilisation y demeure essentiellement technique et calculatoire. Mais peut-être qu'un jour un descendant d'AlphaGo produira un théorème inédit qui, tel le coup 37 de leur ancêtre, laissera pantois tous les plus grands savants de la planète. Difficile de pronostiquer ce que seront les prouesses des machines de demain, mais il serait surprenant qu'elles ne nous surprennent pas.

17

Maths à venir

Le ciel est sombre et le bruit de la pluie résonne sur les toits de Zurich. Quel triste temps en plein cœur de l'été ! Le train ne devrait plus tarder.

Nous sommes le dimanche 8 août 1897 et sur le quai de la gare, un homme, pensif, attend l'arrivée de ses invités. Adolf Hurwitz est mathématicien. Allemand d'origine, cela fait maintenant cinq ans qu'il s'est installé à Zurich où il occupe la chaire de mathématiques de l'École polytechnique fédérale. C'est à ce titre qu'il a joué un rôle important dans l'organisation de l'événement qui va se tenir dans les trois prochains jours. Le train qui arrive va déposer sur ce quai un échantillon des plus grands savants du monde, venus de seize pays différents. Demain va s'ouvrir le tout premier Congrès international des mathématiciens.

Les deux initiateurs de ce congrès sont les Allemands Georg Cantor et Felix Klein. Le premier est devenu célèbre en découvrant qu'il existe des infinis plus grands que d'autres et en mettant sur pied la théorie des ensembles pour les manipuler sans tomber dans les paradoxes. Le second est un spécialiste des structures algébriques. Même si, pour des raisons diplomatiques, la Suisse a été choisie comme pays d'accueil de ce premier congrès, il n'est pas étonnant que l'initiative provienne d'Allemagne. Au cours du XIXe siècle, le pays a su s'imposer comme le nouvel eldorado des mathématiques. Göttingen et sa prestigieuse université en sont le centre névralgique où se croisent les plus brillants esprits de la discipline.

Parmi les deux cents participants au congrès, on compte également un bon nombre d'Italiens tels que Giuseppe Peano, connu pour avoir défini les axiomes modernes de l'arithmétique, de Russes, tels qu'Andreï Markov, dont les travaux révolutionnèrent l'étude des probabilités, ou de Français comme Henri Poincaré[1], découvreur entre autres de la théorie du chaos et de ce que l'on appellera plus tard l'effet papillon. Pendant les trois jours du congrès, tout ce beau monde va pouvoir discuter, échanger, créer des liens entre eux et entre leurs domaines de recherche.

En cette fin de XIXe siècle, le monde mathématique est en pleine métamorphose. L'expansion, tant géographique qu'intellectuelle de la discipline, éloigne les savants les uns des autres. Les mathématiques sont en passe de devenir trop vastes pour qu'un seul individu puisse en embrasser toute l'étendue. Henri Poincaré, qui donna l'exposé d'ouverture du congrès, est parfois considéré comme le dernier grand savant universel, maîtrisant toutes

---

1. Nous avons déjà rencontré Poincaré. C'est à lui que l'on doit la phrase : « Faire des mathématiques, c'est donner le même nom à des choses différentes. »

les mathématiques de son époque et ayant produit des avancées significatives dans bon nombre d'entre elles. Avec lui s'éteint l'espèce des généralistes pour laisser la place à celle des spécialistes.

Pourtant, comme en réaction à cette dérive inexorable des continents mathématiques, les chercheurs vont œuvrer plus que jamais à multiplier les occasions de travailler ensemble et à faire de leur discipline un bloc uni et indivisible. C'est tendues entre ces deux impulsions contradictoires que les mathématiques vont entrer dans le XXe siècle.

Le deuxième Congrès international des mathématiciens se déroula à Paris en août 1900. Par la suite, l'événement s'installa au rythme d'un congrès tous les quatre ans, exception faite de quelques éditions annulées pour cause de guerres mondiales. Le dernier en date a eu lieu à Séoul du 13 au 21 août 2014. Avec plus de cinq mille participants venus de cent vingt pays différents, ce congrès fut le plus grand rassemblement de mathématiciens jamais organisé. La prochaine édition se tiendra quant à elle à Rio de Janeiro en août 2018.

Au fil des années, certaines traditions se sont imposées au congrès. C'est ainsi que depuis 1936 y est remise la très prestigieuse médaille Fields. Cette récompense, souvent appelée le prix Nobel des mathématiques, est la plus haute distinction de la discipline. La médaille en elle-même représente un portrait d'Archimède accompagné d'une citation pour le moins emphatique du mathématicien grec : *Transire suum pectus mundoque potiri* (« transcender sa propre intelligence et devenir le maître du monde »).

Profil d'Archimède sur la médaille Fields

Autre effet de cette mondialisation mathématique, l'anglais s'est peu à peu imposé comme la langue internationale de la discipline. Il faut dire que dès le congrès de Paris, certains participants s'étaient plaints que les conférences et les comptes rendus exclusivement en langue française gênaient la compréhension des congressistes étrangers. La Seconde Guerre mondiale et l'exode d'une grande partie des cerveaux européens vers les États-Unis et leurs grandes universités ont largement participé à ce mouvement. De nos jours, l'immense majorité des articles de recherche mathématique est écrite et publiée en anglais[1].

---

1. Depuis 1991, ces articles venant du monde entier sont diffusés librement sur Internet via la plateforme arXiv.org mise en place par l'université états-unienne de Cornell. Si vous voulez voir à quoi ressemble un article de maths, allez y faire un tour.

En un siècle, le nombre de mathématiciens a également considérablement augmenté. En 1900, il n'y en avait pas plus que quelques centaines, principalement en Europe. Aujourd'hui, on en compte des dizaines de milliers aux quatre coins du monde. Chaque jour, plusieurs dizaines de nouveaux articles sont publiés. Certaines estimations avancent qu'actuellement la communauté mathématique mondiale produit environ un million de nouveaux théorèmes tous les quatre ans !

L'unification des mathématiques va également passer par une réorganisation profonde de la discipline elle-même. L'un des artisans les plus actifs de ce mouvement va être l'Allemand David Hilbert. Professeur à l'université de Göttingen, Hilbert est, avec Poincaré, l'un des plus brillants et des plus influents mathématiciens du début du XXe siècle.

En 1900, Hilbert participa au congrès de Paris et y donna, le mercredi 8 août à la Sorbonne, un exposé devenu célèbre. Le mathématicien allemand y présenta une liste de grands problèmes non résolus qui, selon lui, devaient guider les mathématiques du siècle qui s'ouvrait. Les mathématiciens aiment les défis et l'initiative fit mouche. Les vingt-trois problèmes de Hilbert provoquèrent et stimulèrent l'intérêt des chercheurs et ne tardèrent pas à se répandre bien au-delà des personnes présentes au congrès.

En 2016, encore quatre de ces problèmes demeurent sans réponse. Parmi eux, le huitième de la liste de Hilbert, nommé l'hypothèse de Riemann, est généralement considéré comme la plus grande des conjectures mathématiques de notre époque. Il s'agit de trouver les solutions imaginaires d'une équation posée au milieu du XIXe siècle par l'Allemand Bernhard Riemann. Si cette équation est particulièrement intéressante, c'est parce qu'elle détient la clé d'un mystère bien plus ancien : celui de la suite des nombres premiers étudiés depuis l'Antiquité[1]. Ératosthène avait été l'un des premiers à étudier cette suite au IIIe siècle avant notre ère. Trouvez les solutions de l'équation de Riemann et vous obtiendrez par là même de nombreuses informations sur ces nombres qui occupent une place centrale en arithmétique.

Ses vingt-trois problèmes vivant leur vie, Hilbert ne va pas s'arrêter là. Dans les années qui suivirent, le mathématicien allemand commença à mettre en place un vaste programme visant à poser toutes les mathématiques sur un même socle solide, fiable et définitif. Son objectif : créer une théorie unique permettant d'englober toutes les branches des mathématiques ! Souvenez-vous que depuis Descartes et ses coordonnées, les problèmes de géométrie pouvaient s'exprimer dans le langage algébrique. D'une certaine manière, la géométrie était donc devenue une sous-discipline

---

[1]. Les nombres premiers sont les nombres qui ne peuvent pas s'écrire comme la multiplication de deux nombres plus petits qu'eux-mêmes. Par exemple, 5 est un nombre premier, mais pas 6 car 2 × 3 = 6. La suite des nombres premiers commence par 2, 3, 5, 7, 11, 13, 17, 19...

de l'algèbre. Mais était-il possible de reproduire cette fusion des disciplines à l'échelle des mathématiques tout entières ? Autrement dit, pouvait-on trouver une super-théorie dont toutes les branches des mathématiques, de la géométrie aux probabilités en passant par l'algèbre ou le calcul infinitésimal, ne seraient que des cas particuliers ?

Cette super-théorie va effectivement voir le jour en reprenant le cadre de la théorie des ensembles posée à la fin du XIXe siècle par Georg Cantor. Plusieurs propositions d'axiomatisation de cette théorie se dessinèrent au début du XXe siècle. Entre 1910 et 1913, les Britanniques Alfred North Whitehead et Bertrand Russell publièrent un ouvrage en trois volumes intitulé *Principia Mathematica*. Ils y posèrent les axiomes et les règles logiques à partir desquelles ils recréèrent de toutes pièces le reste des mathématiques. L'un des passages les plus célèbres du livre se trouve à la 362e page du premier volume, puisque Whitehead et Russell, après avoir recréé l'arithmétique, parviennent enfin au théorème $1 + 1 = 2$! Cela amusa beaucoup les commentateurs qu'il faille autant de pages et de développements incompréhensibles aux néophytes pour parvenir à une égalité aussi élémentaire. Pour le plaisir des yeux, voici à quoi ressemble dans le langage symbolique de Whitehead et Russell la démonstration de $1 + 1 = 2$.

```
*54·43.  ⊢ :. α, β ∈ 1 . ⊃ : α ∩ β = Λ . ≡ . α ∪ β ∈ 2
Dem.
    ⊢ . *54·26 . ⊃ ⊢ :. α = ι'x . β = ι'y . ⊃ : α ∪ β ∈ 2 . ≡ . x ≠ y .
    [*51·231]                              ≡ . ι'x ∩ ι'y = Λ .
    [*13·12]                               ≡ . α ∩ β = Λ          (1)
    ⊢ . (1) . *11·11·35 . ⊃
        ⊢ :. (∃x, y) . α = ι'x . β = ι'y . ⊃ : α ∪ β ∈ 2 . ≡ . α ∩ β = Λ   (2)
    ⊢ . (2) . *11·54 . *52·1 . ⊃ ⊢ . Prop

From this proposition it will follow, when arithmetical addition has been
defined, that 1 + 1 = 2.
```

N'essayez pas de comprendre quoi que ce soit dans cet agglutinement de symboles, c'est absolument impossible sans avoir lu les 361 pages précédentes[1] !

Après Whitehead et Russell, d'autres propositions d'amélioration des axiomes furent proposées et aujourd'hui la grande majorité des mathématiques modernes trouvent bel et bien leurs fondements dans les quelques axiomes de base de la théorie des ensembles.

Cette unification provoqua également un débat linguistique puisque certains mathématiciens se mirent à cette époque à revendiquer l'usage du singulier pour leur discipline. Ne dites plus « les mathématiques », mais « la mathématique » ! On trouve aujourd'hui encore de nombreux chercheurs militants du singulier, mais les habitudes ont la vie dure et l'usage ne semble pas pour l'instant vouloir abandonner le pluriel.

---

[1]. Et même en les ayant lues, ce n'est pas franchement simple...

Malgré la réussite époustouflante de la théorie des ensembles, Hilbert n'était toujours pas satisfait, car quelques doutes sur la fiabilité des axiomes des *Principia Mathematica* subsistaient encore. Pour qu'une théorie puisse être considérée comme parfaite, il est nécessaire qu'elle satisfasse deux critères : elle doit être cohérente et complète.

La cohérence signifie que la théorie n'admet pas de paradoxes. Il n'est pas possible d'y prouver une chose et son contraire. Si, par exemple, l'un des axiomes permet de démontrer que $1 + 1 = 2$ et qu'un autre conclut que $1 + 1 = 3$, la théorie est incohérente puisqu'elle se contredit elle-même. La complétude affirme quant à elle que les axiomes de la théorie sont suffisants pour pouvoir démontrer tout ce qui est vrai dans son cadre. Si, par exemple, une théorie arithmétique n'a pas suffisamment d'axiomes pour pouvoir démontrer que $2 + 2 = 4$, alors elle est incomplète.

Était-il possible de montrer que les *Principia Mathematica* vérifiaient ces deux critères ? Pouvait-on être sûrs que l'on n'y trouverait jamais de paradoxes et que ses axiomes étaient suffisamment précis et puissants pour pouvoir en déduire tous les théorèmes possibles et imaginables ?

Le programme de Hilbert devait connaître un coup d'arrêt aussi brutal qu'inattendu lorsqu'en 1931, un jeune mathématicien austro-hongrois du nom de Kurt Gödel publia un article intitulé *Über formal unentscheidbare Sätze der Principia mathematica und verwandter Systeme*, ou *Sur les propositions formellement indécidables des Principia Mathematica et des systèmes apparentés*. Cet article démontrait un théorème extraordinaire affirmant qu'il ne pouvait pas exister de super-théorie à la fois cohérente et complète ! Si les *Principia Mathematica* sont cohérents, alors il y existe nécessairement des affirmations dites indécidables qui ne peuvent y être ni démontrées ni réfutées. Impossible donc de déterminer si elles sont vraies ou fausses !

L'exquise catastrophe de Gödel

Le théorème d'incomplétude de Gödel est un monument de la pensée mathématique. Pour tenter d'en comprendre le principe général, il faut nous pencher plus en détail sur la façon dont nous écrivons les mathématiques. Voici deux affirmations élémentaires d'arithmétique.

A. L'addition de deux nombres pairs donne toujours un nombre pair.
B. L'addition de deux nombres impairs donne toujours un nombre impair.

Ces deux énoncés sont assez clairs, ils pourraient sans problème s'écrire dans le langage algébrique de Viète. En y réfléchissant un peu, vous pourrez constater que la première de ces affirmations, notée A, est vraie, tandis que la seconde, notée B, est fausse puisque la somme de deux nombres impairs est toujours paire. Ce qui nous amène aux deux nouveaux énoncés suivants :

C. L'affirmation A est vraie.
D. L'affirmation B est fausse.

Ces deux nouvelles phrases sont un peu particulières. Ce ne sont pas à proprement parler des énoncés mathématiques, mais plutôt des énoncés qui parlent d'énoncés mathématiques ! Les phrases C et D, contrairement à A et B, ne peuvent *a priori* pas s'écrire dans le langage symbolique de Viète. Leurs sujets ne sont ni les nombres, ni les figures géométriques ni quelque autre objet de l'arithmétique, des probabilités ou du calcul infinitésimal. Ce sont ce que l'on appelle des énoncés méta-mathématiques, c'est-à-dire des énoncés qui ne parlent pas des objets mathématiques, mais des mathématiques elles-mêmes ! Un théorème est mathématique. L'affirmation que le théorème est vrai est méta-mathématique.

La distinction peut sembler subtile et dérisoire, mais c'est pourtant par une formalisation incroyablement ingénieuse des méta-mathématiques que Gödel va obtenir son théorème. L'exploit du savant allemand fut de trouver le moyen d'écrire les énoncés méta-mathématiques dans le langage même des mathématiques ! Grâce à un procédé génial permettant d'interpréter les énoncés comme des nombres, les mathématiques, en plus de parler des nombres, de géométrie ou de probabilités, devinrent tout d'un coup en mesure de parler d'elles-mêmes !

Une chose qui parle d'elle-même, cela ne vous rappelle rien ? Souvenez-vous du fameux paradoxe d'Épiménide. Le poète grec avait un jour affirmé que tous les Crétois étaient des menteurs. Épiménide étant lui-même crétois, il était impossible de déterminer si sa déclaration était vraie ou fausse sans tomber sur une contradiction. Le serpent qui se mord la queue. Jusqu'à ce jour, les énoncés mathématiques s'étaient trouvés épargnés par ce genre d'affirmations autoréférentes. Mais grâce à son procédé, Gödel parvint à reproduire un phénomène du même type à l'intérieur même des mathématiques. Regardez l'énoncé suivant :

G. L'affirmation G n'est pas démontrable à partir des axiomes de la théorie.

Cet énoncé est manifestement méta-mathématique, mais par l'astuce de Gödel, il peut malgré tout s'exprimer dans le langage mathématique. Il devient donc possible d'essayer de démontrer G à partir des axiomes de la théorie. Et là, deux cas de figure se présentent. Soit il est possible de démontrer G, mais dans ce cas, comme G affirme qu'elle n'est pas démontrable, cela

signifie qu'elle se trompe, donc qu'elle est fausse. Or, s'il est possible de démontrer quelque chose de faux, c'est que la théorie tout entière ne tient pas debout ! Elle n'est pas cohérente.
Soit il n'est pas possible de démontrer G. Dans ce cas, ce que dit G est vrai et cela signifie que nos axiomes sont incapables de prouver une affirmation qui est pourtant vraie ! La théorie est donc incomplète puisqu'il existe des vérités qui lui sont inaccessibles.

Bref, dans tous les cas nous sommes perdants. Soit la théorie est incohérente, soit elle est incomplète. Le théorème d'incomplétude de Gödel a bel et bien terrassé définitivement les doux rêves de Hilbert. Et inutile d'essayer de contourner le problème en changeant de théorie, son résultat s'applique non seulement aux *Principia Mathematica*, mais également à toute autre théorie qui prétendrait pouvoir la remplacer. Une théorie unique et parfaite permettant de démontrer tous ses théorèmes ne peut pas exister.
Un espoir demeurait pourtant. L'énoncé G est certes indécidable, mais il faut l'avouer, il n'est pas très intéressant d'un point de vue mathématique. C'est une curiosité qui a été façonnée de toutes pièces par Gödel pour pouvoir exploiter la faille d'Épiménide. Il était cependant toujours possible d'espérer que les grands problèmes des mathématiques, ceux qui sont intéressants, ne tombent pas dans le piège de l'autoréférence.

Hélas, il fallut encore une fois se faire une raison. En 1963, le mathématicien états-unien Paul Cohen démontra que le premier des vingt-trois problèmes de Hilbert appartenait lui aussi à cette étrange catégorie des énoncés indécidables. Impossible de le démontrer ni de le réfuter à partir des axiomes des *Principia Mathematica*. Si ce premier problème doit être un jour résolu, ce sera nécessairement dans le cadre d'une autre théorie. Mais cette nouvelle théorie contiendra alors d'autres failles et d'autres énoncés indécidables.

Si les études sur les fondements des mathématiques ont occupé une place importante au XXe siècle, cela n'a pas empêché les autres branches de la discipline de poursuivre leur chemin. Il est difficile de décrire la diversité foisonnante des mathématiques qui se sont développées dans les dernières décennies. Arrêtons-nous cependant quelques instants encore sur l'une des pépites les plus éblouissantes du siècle dernier : l'ensemble de Mandelbrot.

Cette créature épatante surgit de l'analyse des propriétés de certaines suites numériques. Choisissez un nombre, celui que vous voulez, puis construisez une suite dont le premier terme est 0 et dont chaque terme est ensuite égal au carré du terme précédent auquel on ajoute le nombre choisi. Si par exemple vous choisissez le nombre 2, alors votre suite va commencer de la façon suivante : 0, 2, 6, 38, 1446… Vous remarquez bien que $2=0^2+2$, puis $6=2^2+2$, puis $38=6^2+2$, puis $1446=38^2+2$ et ainsi de suite. Si à la place de 2 vous choisissez le nombre -1, alors vous obtenez la suite 0, -1, 0, -1, 0… Cette suite alterne simplement entre 0 et -1, car on a bien $-1=0^2-1$ et $0=(-1)^2-1$.

Ces deux exemples montrent que selon le nombre choisi, la suite obtenue peut adopter deux comportements très différents. Il est possible que la suite s'enfuie vers l'infini en donnant des valeurs de plus en plus grandes, comme c'est le cas si on prend le nombre 2. Il est également possible que la suite soit bornée, c'est-à-dire que ses valeurs ne s'éloignent pas et restent dans une zone limitée, comme c'est le cas avec le nombre -1. Tous les nombres, qu'ils soient entiers, à virgule ou même imaginaires, peuvent alors se ranger dans l'une ou l'autre de ces deux catégories.

Cette classification des nombres peut sembler assez abstraite, alors pour mieux visualiser les choses, il est possible de représenter ceci géométriquement grâce aux coordonnées de Descartes. Dans le plan, nous plaçons tous les nombres réels sur un axe horizontal comme nous l'avons déjà fait précédemment[1], puis les nombres imaginaires sur un axe vertical. Nous pouvons maintenant colorier les points appartenant aux deux catégories avec des couleurs différentes. C'est alors qu'apparaît une merveilleuse figure.

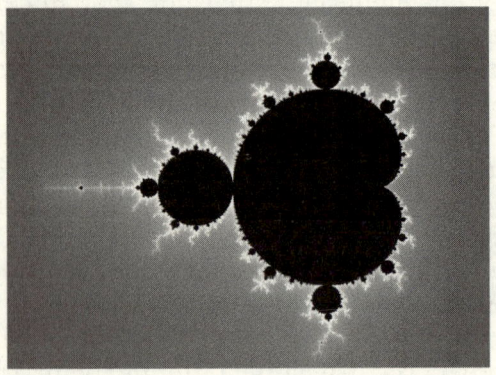

Sur cette figure, les nombres coloriés en noir sont ceux qui génèrent des suites bornées tandis que les gris sont ceux qui aboutissent à des suites qui s'en vont vers l'infini. Une « ombre » blanche a été portée derrière la figure noire pour pouvoir

---

1. Le zéro au milieu, les nombres négatifs sur la gauche et les positifs sur la droite.

mieux détecter certains détails extrêmement fins et parfois invisibles à l'œil nu.

Comme chaque point de l'image correspond au calcul et à l'étude d'une suite, le tracé de cette figure nécessite de nombreux calculs. C'est pourquoi il a fallu attendre le début des années 1980 pour que les ordinateurs permettent d'en obtenir des représentations précises. Le mathématicien français Benoît Mandelbrot fut l'un des premiers à étudier en détail la géométrie de cette figure à laquelle ses collègues finirent par donner son nom.

L'ensemble de Mandelbrot est fascinant ! Son contour est une dentelle géométrique invraisemblable d'harmonie et de précision. Si vous zoomez sur sa bordure, vous verrez apparaître toujours plus de motifs infiniment fins et incroyablement ciselés. À vrai dire, il est quasiment impossible de saisir sur une seule image toute la richesse des formes que recèle l'ensemble de Mandelbrot quand on le décortique en détail. Un petit échantillon de ces détails est visible sur la figure de la page suivante.

Mais ce qui le rend encore plus remarquable, c'est la désarmante simplicité de sa définition. S'il avait fallu pour tracer cette figure faire appel à des équations monstrueuses, à des calculs savants et confus ou à des constructions abracadabrantes, on aurait pu dire : « Certes, la figure est belle, mais elle est tout à fait artificielle et ne présente que peu d'intérêt. » Mais non, cette figure est simplement la représentation géométrique des propriétés élémentaires de suites numériques qui se définissent en quelques mots. D'une règle toute simple est née cette merveille géométrique.

Ce genre de découverte relance inévitablement le débat sur la nature des mathématiques : sont-elles des inventions humaines ou ont-elles une existence indépendante ? Les mathématiciens sont-ils des découvreurs ou des créateurs ? À première vue, l'ensemble de Mandelbrot semble plaider en faveur de la découverte. Si cette figure prend cette forme extraordinaire, ce n'est pas parce que Mandelbrot a décidé de la construire ainsi. Le mathématicien français n'a pas voulu inventer une telle figure. Elle s'est imposée à lui. Elle n'aurait pas pu être autre chose que ce qu'elle est.

Pourtant, cela reste une chose assez étrange de considérer l'existence d'un objet qui non seulement est purement abstrait, mais dont l'intérêt même ne déborde pas du cadre immatériel des mathématiques. Si les nombres, les triangles ou les équations sont abstraits, ils peuvent être utiles pour appréhender le monde réel. L'abstraction jusqu'à présent semblait toujours avoir gardé un reflet même lointain dans l'univers matériel. L'ensemble de Mandelbrot semble n'avoir plus aucun lien direct avec lui. Aucun phénomène physique connu n'adopte une structure lui ressemblant de près ou de loin. Alors pourquoi s'y intéresser ? Peut-on placer sa découverte sur le même plan que la découverte d'une nouvelle planète en astronomie ou d'une nouvelle espèce animale en biologie ? Est-ce un objet qui vaut la peine d'être étudié pour lui-même ? En d'autres termes, les mathématiques jouent-elles à égalité avec les autres sciences ?

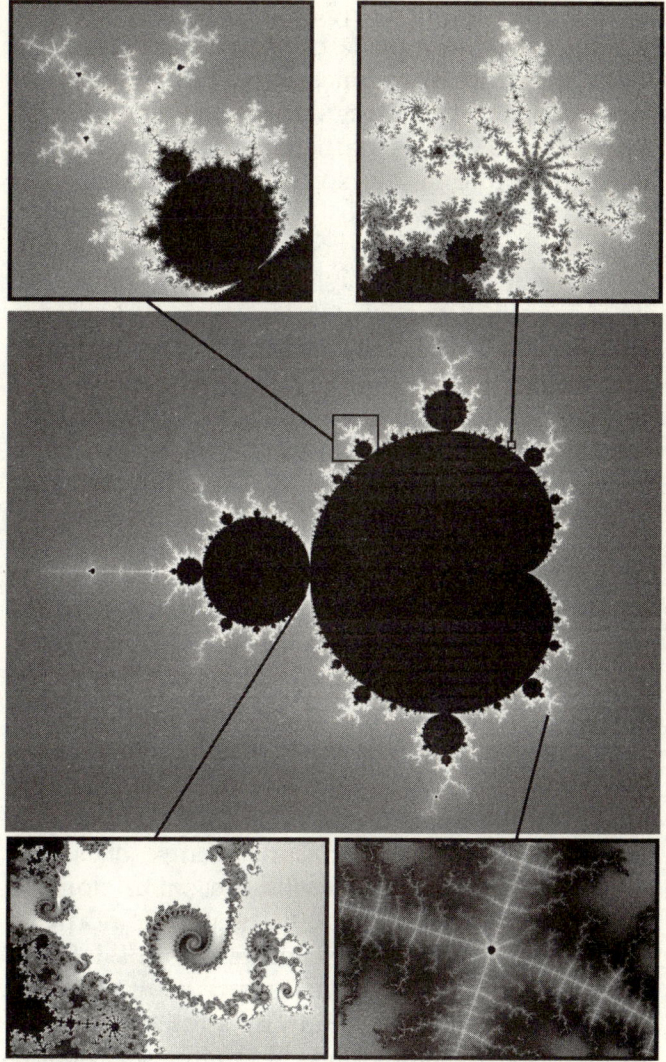

Beaucoup de mathématiciens répondront sans doute « oui » à cette question. Pourtant, la discipline garde une place profondément singulière dans le champ des connaissances humaines. L'une des raisons de cette singularité réside dans le rapport ambigu que les mathématiques entretiennent avec la beauté de leurs objets.

Il est vrai que l'on découvre des choses particulièrement belles dans à peu près toutes les sciences. Les images que nous donnent les astronomes des corps célestes en sont un exemple. On s'émerveille de la forme des galaxies, des queues scintillantes des comètes ou des couleurs chatoyantes des nébuleuses. L'Univers est beau, certes. C'est une chance. Mais il faut bien dire que s'il ne l'avait pas été, on n'aurait pas pu y faire grand-chose. Les astronomes n'ont pas le choix. Les astres sont ce qu'ils sont et il aurait bien fallu les étudier même s'ils avaient été laids. Encore que la définition de la beauté et de la laideur soit très subjective, mais ce n'est pas le propos ici.

Le mathématicien, au contraire, semble un peu plus libre. Nous l'avons déjà vu, il existe une infinité de façons de définir des structures algébriques. Et dans chacune d'entre elles, une infinité de façons de définir des suites dont on peut étudier les propriétés. La plupart de ces pistes ne mèneront pas à des ensembles aussi beaux que celui de Mandelbrot. En mathématiques, la liberté de choisir ce que l'on étudie est beaucoup plus présente. Dans l'infinité des théories que l'on pourrait explorer, ce sont bien souvent celles qui nous paraissent les plus élégantes que nous choisissons.

Cette approche semble s'apparenter davantage à une démarche artistique. Si les symphonies de Mozart sont si belles, ce n'est pas par chance, c'est parce que le compositeur autrichien a fait en sorte qu'elles le soient. Sur l'infinité de morceaux de musique qu'il est possible de composer, l'immense majorité est horriblement laide. Tapez au hasard sur les touches d'un piano et vous en serez convaincu. Le talent de l'artiste consiste à trouver dans cette infinité sans intérêt les quelques pépites qui vont nous émerveiller.

De la même façon, cela fait partie du talent d'un mathématicien de savoir trouver dans l'infini du monde mathématique les objets les plus dignes d'intérêt. La figure de Mandelbrot n'eût pas été si belle, il est évident que les mathématiciens s'y seraient beaucoup moins intéressés. Elle serait restée dans l'anonymat des figures négligées, comme toutes ces mauvaises symphonies que personne ne jouera jamais.

Alors les mathématiciens seraient-ils des artistes plus que des scientifiques ? Ce serait aller un peu loin que d'affirmer ceci. La question a-t-elle seulement un sens ? Le scientifique recherche la vérité et, parfois, y trouve par hasard la beauté. L'artiste recherche la beauté et, parfois, y trouve par hasard la vérité. Le mathématicien, de son côté, semble oublier par moments qu'il existe une différence entre les deux. Il cherche simultanément l'une et l'autre. Trouve indifféremment l'autre et l'une. Il mélange le vrai et le beau, l'utile et le superflu, l'ordinaire et l'invraisemblable comme autant de couleurs qui se mêlent sur sa toile infinie.

Lui-même ne comprend pas toujours très bien ce qu'il fait. Bien souvent, les mathématiques ne révèlent leurs secrets et leur véritable nature que longtemps après la disparition de leurs créateurs. Pythagore, Brahmagupta, al-Khwārizmī, Tartaglia, Viète et tous les autres ont inventé des mathématiques sans se douter de tout ce qu'elles permettent de faire aujourd'hui. Et peut-être ne nous doutons-nous pas de tout ce qu'elles permettront de faire encore dans les siècles à venir. Seul le temps sait donner le recul nécessaire pour apprécier à sa juste valeur l'œuvre mathématique.

Épilogue

Voilà que notre récit touche à sa fin.

Tout du moins, à la fin de la portion qu'il m'est possible de relater en écrivant ce livre au début du XXIe siècle. Et après ? Il est évident que l'histoire n'est pas finie.

C'est une chose qu'il faut accepter dès que l'on fait de la science : plus on en sait sur un sujet, plus on mesure l'étendue de notre ignorance. Chaque réponse apportée soulève dix nouvelles questions. Ce jeu sans fin est à la foi accablant et jubilatoire. Il faut dire que s'il nous était possible de tout savoir, la joie qui en résulterait serait immédiatement obscurcie par le désespoir bien plus grand de n'avoir plus rien à découvrir. Mais ne jouons pas à nous faire peur. Par chance, les mathématiques qui restent à faire sont sans nul doute bien plus vastes que celles qui nous sont connues.

À quoi ressembleront les mathématiques du futur ? Cette question est un vertige. Il est étourdissant de s'avancer debout à la frontière de nos connaissances et de porter son regard sur l'étendue de tout ce que nous ne savons pas ! Pour qui a goûté une fois la saveur enivrante des découvertes nouvelles, l'appel des terres inconnues est sans doute plus fort que le confort des territoires conquis. Les mathématiques sont si fascinantes quand elles ne sont pas encore apprivoisées ! Et quelle ivresse d'observer, dans un flou lointain, les idées sauvages bondissant librement dans la savane infinie de notre ignorance. Celles que l'on devine sublimes et dont le mystère tourmente délicieusement notre imagination. Certaines semblent proches. Nous pourrions croire qu'il suffit de tendre la main pour pouvoir les effleurer. D'autres sont si lointaines qu'il faudra des générations pour les approcher. Nul ne sait ce que découvriront les mathématiciens et mathématiciennes des siècles à venir, mais il y a fort à parier qu'elles seront pleines de surprises.

Nous sommes en mai 2016 et je me promène dans les allées du Salon de la culture et des jeux mathématiques qui se tient tous les ans sur la place Saint-Sulpice dans le 6e arrondissement de Paris. C'est un endroit que j'aime particulièrement. Il y a là des magiciens qui vous expliquent un tour de cartes dont le truc repose sur une propriété arithmétique. Il y a des sculpteurs qui façonnent dans la pierre des structures géométriques inspirées des solides de Platon. Il y a aussi des inventeurs dont les mécanismes en bois forment d'étranges machines à calculer. Un peu plus loin, je croise quelques personnes occupées à calculer le rayon de la Terre en reproduisant l'expérience d'Ératosthène. J'aperçois ensuite le stand des amateurs d'origami, celui des férus de casse-tête et celui des calligraphes. Sous le chapiteau se joue une pièce de théâtre mêlant maths et astronomie. De grands éclats de rire s'en échappent.

Tous ces gens font des mathématiques. Tous ces gens inventent des mathématiques, chacun à leur manière ! Ce jongleur va utiliser pour son numéro des figures géométriques qu'aucun grand scientifique n'aurait jugé digne d'intérêt. Mais pour lui, elles sont belles et ses balles qui virevoltent dans l'air font briller les yeux des passants.

Je crois que tout cela est plus réjouissant encore que toutes les grandes découvertes des grands savants. Il y a dans les mathématiques, même simples, une source inépuisable d'étonnement et d'émerveillement. Parmi les visiteurs du Salon, on trouve beaucoup de parents qui viennent avant tout pour leurs enfants et qui, peu à peu, se prennent également au jeu. Il n'est jamais trop tard. Les mathématiques ont un formidable potentiel pour devenir une discipline festive et populaire. Il n'est pas nécessaire d'être un mathématicien de génie pour s'en passionner et goûter à l'ivresse de l'exploration et des découvertes.

Pas besoin de grand-chose pour faire des mathématiques. Et s'il vous prend l'envie de continuer lorsque cette dernière page sera tournée, vous découvrirez bien plus encore que tout ce que j'ai pu vous raconter. Vous pourrez tracer votre propre chemin, forger vos propres goûts et suivre vos propres envies.

Il suffit pour cela d'un soupçon d'audace, d'une bonne dose de curiosité et d'un peu d'imagination.

Pour aller plus loin

Pour prolonger votre exploration des mathématiques, voici quelques pistes qui pourraient vous être utiles.

Musées et événements

Le département de mathématiques du Palais de la Découverte à Paris (*http://www.palais-decouverte.fr*) propose des animations, des exposés et des ateliers pour le grand public. Si vous y passez, ne manquez pas de faire un tour dans la fameuse salle π ! Toujours à Paris, la Cité des sciences et de l'industrie (*http://www. cite-sciences.fr*) possède aussi un espace dédié aux mathématiques.

De taille plus modeste, on trouve également des établissements tels que la Maison des maths et de l'informatique à Lyon (*http://www.mmi-lyon.fr*), l'association Fermat Science (*http://www.fermat-science.com*) qui propose des animations dans le village natal de Pierre de Fermat à Beaumont-de-Lomagne près de Toulouse, l'Exploradôme (*http://www.exploradome.fr*) de Vitry-sur-Seine ou encore la Maison des maths (*http://maisondesmaths.be*) de Quaregnon en Belgique.

Et si vous voyagez, le Mathematikum (*http://www.mathematikum.de*) à Gießen en Allemagne ou le MoMaths (*http://momath.org*) à New York aux États-Unis sont deux musées consacrés exclusivement aux mathématiques.

Tous ces établissements sont très interactifs et font la part belle aux manipulations et aux expériences en tout genre !

À ces lieux permanents, il faut ajouter des événements ponctuels tels que le Salon Culture & Jeux Mathématiques (*www.cijm.org*) organisé chaque année fin mai à Paris. La fête de la Science (*http://www.fetedelascience.fr*) qui se tient en octobre et la Semaine des mathématiques en mars voient chaque année fleurir divers événements un peu partout en France. La semaine des mathématiques englobe d'ailleurs généralement le 14 mars, jour de π, et grande fête mondiale des mathématiques !

Livres

Il existe de très nombreux ouvrages traitant de mathématiques avec divers niveaux de vulgarisation et de spécialisation. Les quelques conseils suivants ne sont bien entendu pas exhaustifs.

Martin Gardner qui a tenu de 1956 à 1981 la rubrique mathématique du Scientific American est un personnage incontournable des mathématiques récréatives. Ses recueils de chroniques ainsi que ses nombreux livres de magie mathématique ou d'énigmes sont des références dans le domaine. Parmi les classiques, on peut également citer Yakov Perelman et son fameux *Oh, les maths !* ou encore Raymond Smullyan avec ses livres de logique tels que *Le livre qui rend fou* ou *Quel est le titre de ce livre ?*

Chez les auteurs plus récents, conseillons les livres de Ian Stewart comme *Mon cabinet de curiosités mathématiques*, de Marcus Du Sautoy avec entre autres *La symétrie ou les maths au clair de lune*, ou de Simon Singh comme *Histoire des codes secrets* ou *Les Mathématiques des Simpson*. *Le beau livre des math* de Clifford A. Pickover offre quant à lui un panorama chronologique et illustré des plus fabuleuses pépites de l'histoire des mathématiques.

Chez les auteurs français, citons notamment Denis Guedj, auteur de nombreux ouvrages dont le fameux polar historico-mathématique *Le Théorème du perroquet*. Jean-Paul Delahaye est également un auteur inspirant avec entre autres *Le Fascinant Nombre π* ou encore *Merveilleux nombres premiers*.

Dans un autre genre, *Théorème vivant* de Cédric Villani offre une plongée au cœur de la recherche mathématique d'aujourd'hui à travers le récit de la naissance d'un théorème.

Sur Internet

Le site « Image des mathématiques » (*http://images.math.cnrs.fr*) propose régulièrement des articles de vulgarisation de la recherche actuelle écrits par des mathématiciens.

Ne passez pas à côté du blog « Choux romanesco, Vache qui rit et Intégrale curviligne » (*http://eljjdx.canalblog.com*) d'El Jj dont les billets sont particulièrement savoureux.

Les films *Dimensions* (*http://www.dimensions-math.org*) et *Chaos* (*http://www.chaos-math.org*) produits par Jos Leys, Aurélien Alvarez et Étienne Ghys, vous font entrer avec de magnifiques animations dans le monde de la quatrième dimension et de la théorie du chaos.

Depuis quelques années, les chaînes de vulgarisation scientifique se multiplient, notamment sur YouTube. En mathématiques, on peut citer les vidéos d'El Jj qui complètent son blog cité plus haut, ainsi que les chaînes « Science4All », « La statistique expliquée à mon chat », ou encore « Passe-Science ».

Pour en découvrir d'autres, la plateforme Vidéosciences (*http://videosciences.cafe-sciences.org*) agrège plus d'une centaine de chaînes dans tous les domaines scientifiques.

Côté anglophone, citons entre autres la chaîne « Numberphile » ou les vidéos de *Vi Hart*.

Vous pourrez également chercher des vidéos de conférences grand public données par des chercheurs en mathématiques. Les mathématiciens Étienne Ghys, Tadashi Tokieda ou encore Cédric Villani sont particulièrement brillants dans cet exercice.

Bibliographie

Voici une bibliographie des principaux documents qui m'ont accompagné lors de l'écriture de ce livre. Attention, certains peuvent être très techniques. La liste est donnée par ordre alphabétique des auteurs.

Légende :
Époque
A : Antiquité
M : Moyen Âge
R : Renaissance
E : Époques Moderne & contemporaine

Thème
G : Géométrie
N : Nombres/Algèbre
P : Analyse/Probabilités
L : Logique
S : Autres sciences

[EP] M. G. Agnesi, *Traités élémentaires de calcul différentiel et de calcul intégral*, Claude-Antoine Jombert Libraire, 1775.

D. J. Albers, G. L. Alexanderson et C. Reid, *International Mathematical Congresses, an illustrated history*, Springer-Verlag, 1987.

[AG] Archimède, *Œuvres d'Archimède avec un commentaire par F. Peyrard*, François Buisson Libraire-Éditeur, 1854.

[AL] Aristote, *Physique*, GF-Flammarion, 1999.

[EP] S. Banach et A. Tarski, *Sur la décomposition des ensembles de points en parties respectivement congruentes*, Fundamenta Mathematicae, 1924.

[E] B. Belhoste, *Paris savant*, Armand Colin, 2011.

[EP] J. Bernoulli, *L'Art de conjecturer*, Imprimerie G. Le Roy, 1801.

[G] J.-L. Brahem, *Histoires de géomètres et de géométrie*, Éditions le Pommier, 2011.

[MN] H. Bravo-Alfaro, *Les Mayas, un lien fort entre Maths et Astronomie*, Maths Express au carrefour des cultures, 2014.

[N] F. Cajori, *A History of Mathematical Notations*, The open court company, 1928.

[RN] G. Cardano, *The Rules of Algebra (Ars Magna)*, Dover publications, 1968.

[RN] L. Charbonneau, *Il y a 400 ans mourait sieur François Viète, seigneur de la Bigotière*, Bulletin AMQ, 2003.

[AG] K. Chemla, G. Shuchun, *Les Neuf Chapitres, le classique mathématique de la Chine ancienne et ses commentaires*, Dunod, 2005.

[AG] K. Chemla, *Mathématiques et culture, Une approche appuyée sur les sources chinoises les plus anciennes connues – La mathématiques, les lieux et les temps*, CNRS Éditions. 2009.

[AG] M. Clagett, *Ancient Egyptian Science A Source Book*, American Philosophical Society, 1999.

[EG] R. Cluzel et J.-P. Robert, *Géométrie – Enseignement technique*, Librairie Delagrave, 1964.

Collectif – Department of Mathematics – North Dakota State University, *Mathematics Genealogy Project*, https://genealogy.math.ndsu.nodak.edu/, 2016.

[N] J. H. Conway et R. K. Guy, *The book of Numbers*, Springer, 1996.

[E] G.P. Curbera, *Mathematicians of the world, unite ! : The International Congress of Mathematicians-A Human Endeavor*, CRC Press, 2009.

J.-P. Delahaye, *Le Fascinant Nombre π*, Pour la science – Belin, 2001.

A. Deledicq et collectif, *La Longue Histoire des nombres*, ACL – Les éditions du Kangourou, 2009.

[AG] A. Deledicq et F. Casiro, *Pythagore & Thalès*, ACL – Les éditions du Kangourou. 2009.

A. Deledicq, J.-C. Deledicq et F. Casiro, *Les Maths et la Plume*, ACL – Les éditions du Kangourou, 1996.

[M] A. Djebbar, *Bagdad, un foyer au carrefour des cultures*, Maths Express au carrefour des cultures, 2014.

[M] A. Djebbar, *Les Mathématiques arabes, L'âge d'or des sciences arabes* (collectif), Actes Sud – Institut du Monde arabe, 2005.

[M] A. Djebbar, *Panorama des mathématiques arabes – La mathématiques, les lieux et les temps*, CNRS Éditions, 2009.

[A] D. W. Engels, *Alexander the Great and the Logistics of the Macedonian Army*, University of California Press, 1992.

[AG] Euclide, *Les Quinze Livres des Éléments géométriques d'Euclide*, Traduction par D. Henrion, Imprimerie Isaac Dedin, 1632.

[MN] L. Fibonacci, *Liber Abaci*, extraits traduits par A. Schärlig, https://www.bibnum.education.fr/sites/default/files/texte_fibonacci.pdf

[ES] Galilée, *The Assayer*, traduction anglaise de S. Drake. http://www.princeton.edu/~hos/h291/assayer.htm

[MG] R. P. Gomez et collectif, *La Alhambra*, Epsilon, 1987.

[N] D. Guedj, *Zéro*, Pocket, 2008.

B. Hauchecorne et D. Surreau, *Des mathématiciens de A à Z*, Ellipses,1996.

B. Hauchecorne, *Les Mots & les Maths*, Ellipses, 2003.

[E] D. Hilbert, *Sur les problèmes futurs des mathématiques – Les 23 problèmes*, Éditions Jacques Gabay, 1990.

[EL] D. Hofstadter, *Gödel Esher Bach*, Dunod, 2000.

[AN] J. Høyrup, *L'Algèbre au temps de Babylone*, Vuibert – Adapt Snes, 2010.

[AN] J. Høyrup, *Les Origines – La mathématiques, les lieux et les temps*, CNRS Éditions, 2009.

[A] Jamblique, *Vie de Pythagore*, La roue à livres, 2011.

[N] M. Keith d'après E. Poe, *Near a Raven*, http://cadaeic.net/naraven.htm, 1995.

[MN] A. Keller, *Des devinettes mathématiques en Inde du Sud*, Maths Express au carrefour des cultures, 2014.

[MN] M. al-Khwārizmī, *Algebra*, traduction anglaise de Frederic Rosen, Oriental Translation Fund, 1831.

[A] D. Laërce, *Vie, doctrines et sentences des philosophes illustres*, GF-Flammarion. 1965.

[EP] M. Launay, *Urnes Interagissantes*, Thèse de doctorat, Aix-Marseille Université, 2012.

[EG] B. Mandelbrot, *Les Objets fractals*, Champs Science, 2010.

S. Mehl, ChronoMath, chronologie et dictionnaire des mathématiques, http://serge.mehl.free.fr/

[M] M. Moyon, *Traduire les mathématiques en Andalus au XIIe siècle*, Maths Express au carrefour des cultures, 2014.

[EL] E. Nagel, J. R. Newman, K. Gödel et J.-Y. Girard, *Le Théorème de Gödel*, Points. 1997.

[RN] P. D. Napolitani, *La Renaissance italienne – La mathématiques, les lieux et les temps*, CNRS Éditions, 2009.

[ES] I. Newton, *Principes mathématiques de la philosophie naturelle*, Dunod, 2011.

M. du Sautoy, *La Symétrie ou les Maths au clair de lune*, Éditions Héloïse d'Ormesson, 2012.

[EP] B. Pascal, *Traité du triangle arithmétique*, Guillaume Desprez, 1665.

A. Peters, *Histoire mondiale synchronoptique*, Éditions académiques de Suisse – Bâle.

[AG] Platon, *Timée*, GF-Flammarion, 1999.

[MN] K. Plofker, *L'Inde ancienne et médiévale – La mathématiques, les lieux et les temps*, CNRS Éditions, 2009.

[E] H. Poincaré, *Science et Méthode*, Flammarion, 1908.

[EP] G. Pólya, *Sur quelques points de la théorie des probabilités*, Annales de l'Institut Henri Poincaré, 1930.

[AN] C. Proust, *Brève chronologie de l'histoire des mathématiques en Mésopotamie*, CultureMATH, http://culturemath.ens.fr/content/brève-chronologie-de-lhistoire-des-mathématiques-en-mésopotamie, 2006.

[AN] C. Proust, *Le Calcul sexagésimal en Mésopotamie*, CultureMATH, http://culturemath.ens.fr/content/le-calcul-sexagésimal-en-mésopotamie, 2005.

[AN] C. Proust, *Mathématiques en Mésopotamie*, *Images des mathématiques*, http://images.math.cnrs.fr/ Mathematiques-en-Mesopotamie.html, 2014.

[A] Pythagore, *Les Vers d'or*, Éditions Adyar, 2009.

[EL] B. Russell et A. N. Whitehead, *Principia Mathematica*, Merchant Books, 2009.

[AN] D. Schmandt-Besserat, *From accounting to Writing*, in B. A. Rafoth et D. L. Rubin, *The Social Construction of Written Communication*, Ablex Publishing Co, Norwood, 1988.

[AN] D. Schmandt-Besserat, *The Evolution of Writing*, Site personnel de l'auteur https://sites.utexas.edu/dsb/, 2014.

[RN] M. Serfati, *Le Secret et la Règle*, *La recherche de la vérité* (collectif), ACL – Les éditions du Kangourou, 1999.

[EL] R. Smullyan, *Les Théorèmes d'incomplétude de Gödel*, Dunod, 2000.

[EL] R. Smullyan, *Quel est le titre de ce livre ?*, Dunod, 1993.

[N] Stendhal, *Vie de Henry Brulard*, Folio classique, 1973.

[EL] A. Turing, *On computable numbers with an application to the entscheidungsproblem*, Proceedings of the London Mathematical Society, 1936.

[RN] F. Viète, *Introduction en l'art analytique*, Traduction en français par A. Vasset, 1630.

Table

1. Mathématiciens malgré eux 11
2. Et le nombre fut 27
3. Que nul n'entre ici s'il n'est géomètre .. 43
4. Le temps des théorèmes 59
5. Un peu de méthode 83
6. De π en pis 99
7. Rien et moins que rien 115
8 . La force des triangles 129
9. Vers l'inconnue 149
10. À la suite 161
11. Les mondes imaginaires 173
12. Un langage pour les mathématiques 189
13. L'alphabet du monde 209
14. L'infiniment petit 225
15. Mesurer le futur 241
16. L'arrivée des machines 261
17. Maths à venir 281

Épilogue 301
Pour aller plus loin 305
Bibliographie 311

12008

Composition
NORD COMPO

*Achevé d'imprimer en Espagne
par CPI (Barcelone)
le 3 décembre 2017.*

Dépôt légal : janvier 2018.
EAN 9782290141809
OTP L21EPLN002105N001

ÉDITIONS J'AI LU
87, quai Panhard-et-Levassor, 75013 Paris

Diffusion France et étranger : Flammarion